U0305385

PHILOSOPHY

人民日报学术文库

集体林权制度改革对森林生态系统影响研究

——以福建省三明市为例

侯一蕾 | 著

人民日报出版社

北京

图书在版编目（CIP）数据

集体林权制度改革对森林生态系统影响研究：以福建省三明市为例／侯一蕾著．—北京：人民日报出版社，2020.12

ISBN 978－7－5115－6836－6

Ⅰ．①集… Ⅱ．①侯… Ⅲ．①集体林—产权制度改革—影响—森林生态系统—研究—三明 Ⅳ．①S718.55

中国版本图书馆 CIP 数据核字（2020）第 254314 号

书　　名：	集体林权制度改革对森林生态系统影响研究：以福建省三明市为例
	JITI LINQUAN ZHIDU GAIGE DUI SENLIN SHENGTAI XITONG YINGXIANG YANJIU：YI FUJIANSHENG SANMINGSHI WEILI
著　　者：	侯一蕾

出 版 人：刘华新
责任编辑：万方正
封面设计：中联华文

出版发行：人民日报出版社
社　　址：北京金台西路 2 号
邮政编码：100733
发行热线：（010）65369509　65369846　65363528　65369512
邮购热线：（010）65369530　65363527
编辑热线：（010）65369533
网　　址：www. peopledailypress. com
经　　销：新华书店
印　　刷：三河市华东印刷有限公司
法律顾问：北京科宇律师事务所　　（010）83622312

开　　本：710mm×1000mm　1/16
字　　数：260 千字
印　　张：16.5
版次印次：2021 年 4 月第 1 版　　2021 年 4 月第 1 次印刷

书　　号：ISBN 978－7－5115－6836－6
定　　价：95.00 元

目　录
CONTENTS

1 绪论

1.1 研究背景及问题提出

1.1.1 研究背景

自 2003 年开始的新一轮南方集体林权制度改革是我国农村土地家庭承包经营制度向林业的扩展和延伸，此次改革被认为是农村改革的深化和延续。新一轮南方集体林权制度改革自改革试点开始以来，已经受到了社会各界的广泛关注。目前，集体林占我国林地面积的 60% 以上，集体林在我国木材供给和生态建设方面都占据重要地位。集体林权制度改革是社会主义林业生产关系的核心内容，是新常态下生态林业民生林业实现的基础性制度安排。《中共中央国务院关于全面推进集体林权制度改革的意见》中明确将"坚持统筹兼顾各方利益，确保农民得实惠、生态受保护"作为此次林权制度改革的重要原则之一，强调了此次林权制度改革不能以森林资源的过量消耗和生态的破坏为代价，要在提升林农收入的同时保障我国的生态安全，这是林改必须坚守的一条底线。当前，我国经济发展已经进入新常态。如何在新常态下，转变林业发展方式，创新林业经营制度和经营方式，充分发挥出生态林业、民生林业的巨大优势和潜力，是深化集体林权制度改革值得研究的问题。

1.1.1.1 生态文明背景下的集体林权制度改革

森林在陆地生态系统中占据着十分重要的地位，在改善生态环境、维持生态平衡，为人类生存和发展提供基本的物质和环境基础等方面起着重要的作用（蔡东风，2013）。林业是生态文明建设的重要领域之一，它兼有发展绿色经济和保障生态安全的双重功能。党的十八大以后，我国明确了社会主义经济建设、政治建设、文化建设、社会建设、生态文明建设五位一体的总体布局，为林业的发展创造了良好的契机。林业在生态文明建设中承担着首要任务，而集体林权制度改革作为林业领域最重大的制度变革，对现代林业建设和生态文明建设具有非常重要的推动作用。

2003 年以来的新一轮林权制度改革，是我国林业发展中的重大改革，也是生态文明建设中的重大改革。2008 年，《中共中央国务院关于全面推进集体林权制度改革的意见》的实施与不断推进，对我国建设生态文明、推进现代林业发展具有强大的推动作用。实行集体林权制度改革，进一步明晰产权，有利于调动广大林区农民造林育林的积极性和保护森林资源的自觉性，增加森林数量，提升森林质量和森林生态系统服务功能，推动经济社会可持续发展。

目前，我国集体林的发展正处于转型时期，而在转型过程中就面临着林业发展战略从经济导向向生态建设为导向转变（刘璨，2014）。生态文明背景下的集体林权制度改革，应该更加注重林业生态、经济、社会等多种效益的综合提升。全面推进集体林权制度改革，构建现代林业体制机制，不仅可以充分释放林业巨大的生态功能、经济功能和社会功能，满足社会对林业的多种需求，而且可以有效提升我国的生态承载力，有力推动生态文明建设和经济社会科学发展。

1.1.1.2　集体林权制度改革中的森林生态系统保护问题

在陆地生态系统中，森林生态系统是非常重要的主体，在生态、社会、经济等诸多方面所发挥的多重效益是无法被取代的，所提供的多种服务功能也是其他生态系统无法比拟的。从 20 世纪下半叶开始，我国森林覆盖率、森林面积和活立木蓄积量在总体上均呈上升趋势。但相对于森林资源数量的增加，我国森林资源存在着质量不高的问题，具体表现在林分质量差、林地生产力较低、森林灾害多发、天然林大量消耗等方面（石春娜，2009）。我国森林生态系统由于原始林大量转化为次生林和人工林，而次生林又遭到了严重破坏，造成了森林生态系统的大量的人工化和纯林化，森林质量大大下降，从而导致森林生态系统难以充分发挥其应有的效益和服务功能，因此影响了全国的生态环境（环境绿皮书，2007）。

我国集体林地面积 25.48 亿亩，占全国林地总面积的 60.1%，集体林森林资源质量和生态系统服务功能的提升，对我国森林生态建设和生态安全保障具有重要意义。但从蓄积量来看，我国森林平均蓄积量为 85 立方米/公顷，而集体林地仅为 50 立方米/公顷，远远低于世界平均水平 180 立方米/公顷。可见我国集体林森林资源质量较低。

生态受保护、农民得实惠是我国新一轮集体林权制度改革的两个基本目标。集体林权制度改革以后，制度、政策、森林经营形式、经营管理等方面都发生了很多新的变化，那么这些变化是否能够实现生态得以保护的目标，是集体林权制度改革成效的一个重要体现。推进集体林权制度改革，必须立足于增加森林资源数量、提升森林资源质量，增强森林生态系统的整体功能。在林改以后的森林资源经营管理过程中，坚决不能以破坏森林资源和森林生态系统为代价，这是我国集体林权制度改革必须坚守的一条底线。

据福建省民政厅报告，2012 年 4 月 29 日以来发生的洪涝灾害造成福州、南平、三明、龙岩 4 市 21 个县（区、市）22 万人受灾，1.1 万人紧急转移安置；2900 余间房屋不同程度倒损；农作物受灾面积 13.8 千公顷，其中绝收 1.3 千公顷；直接经济损失约为 4.9 亿元。类似自然灾害屡屡发生，不禁会产生质疑：福建作为全国森林覆盖率最高的地区，洪涝灾害却怎么会频频爆发。然而，洪涝灾害的频繁爆发，恰恰是由于长期的天然林资源过度消耗、林业经营方式变化等带来的生态破坏所造成的。景观的破碎化会导致生物多样性的丧失（刘建锋，2005），土地覆被类型的变化会使动植物赖以生存的环境退化或消失。那么集体林区林改以后，以林农为主体的经营发生了诸多变化，是否会对森林生态系统产生影响，是值得思考的问题。

从理论到实践，由于产权制度的变革会导致森林资源公权与私权的利益格局及实现方式发生变化，从而必然会带来森林资源经营主体及其经营方式的变化，并且随着时间的推进进一步对林业发展的客体（森林）产生影响。同时，以往对改革成效的预期更多是在森林收益及造林方面，而缺乏把森林生态系统作为整体，对森林生态系统经营的关注。随着改革的不断深入，深层面的问题不断显现，其中森林生态效益、森林生态系统可持续稳定发展等诸多问题是关键。

1.1.2　问题的提出

林权制度改革对森林经营的影响是多方面和多层次的，体现在所有权、使用权、管理权、利益分配与调整制度等方面。生态目标是此次林权制度改革的两个基本目标之一，林权改革的实施对森林生态系统的影响直接决定了生态目标是否能够得以实现。这就提出了林权制度改革对森林生态系统是否会产生影响、有哪些影响、影响了什么、影响的正负性、影响程度大小，是长期还是短期的影响，以及如何克服这些制度变革产生的负面影响等问题，这些影响将会直接决定此次林权制度改革的效果。这也是林权制度改革进入全面推广和深化阶段必须研究、搞清楚的问题。

集体林权制度改革作为一项资源产权制度变迁，必然影响不同利益者的资源利用行为，进而对森林资源和森林生态系统产生一定的影响，而林改两个目标（林农得实惠、生态受保障）实现的基础正是森林资源经营管理水平的不断提高和森林生态系统质量的不断提升。为此，在林改进展到基础制度整体建设完成、配套改革不断深入的阶段，从制度原理、生态系统辩护、政策实施效果和农户行为等方面客观评价林改对森林生态系统的影响及未来的趋势具有十分重大意义。以往林改研究更多关注的是主体改革的进展、配套政策的设计及实施效果，以及林农和林业在林改基础上的利益实现等。对林改产权制度变革对森林生态系统影响的研究，特别是选择典型地区进行具体实证分析和量化分析的研究较少。

基于以上认识和问题的提出，本研究将从制度变迁的视角，研究林权制度改革以后由于制度的变革产生的对森林生态系统的影响，并从不同视角对这些影响进行分析和评价，以期对继续推进和深化林权制度改革提供政策依据。

1.2 研究目的和意义

1.2.1 研究目的

本研究依据制度经济学等相关理论，基于典型地区大样本量的实证调查、典型案例分析及对不同相关利益者和管理者的调查，分析和探讨林权制度改革对林农经营行为的影响，作用于森林生态系统的具体方式、方向、程度和趋势等。其核心目标是从多个视角对集体林权制度改革以后"林农经营行为对森林生态系统影响"进行客观分析和探讨，并在此研究基础上为今后可持续的、健康的、协调的政策制定，特别是有关森林经营管理政策的制定，提供科学依据。具体研究目标包括：

第一，从一般的制度视角，结合实证研究，来分析产权制度变革会通过农民的行为在哪些方面影响森林生态系统。即从制度原理的视角梳理制度变迁对森林生态系统的影响机制。

第二，从生态格局的视角，通过土地覆被数据的收集与处理，统计并分析研究区域在林改的不同时期生态系统的特征和演进过程，通过生态系统和森林生态系统变化结果，分析不同时期林改与区域生态变化和森林生态系统变化结果的关联。

第三，在对调研区域林改以后森林资源经营现状分析的基础上，结合实地调研，从管理者的视角对林改现行政策下林农经营对森林生态系统影响进行综合评价，发现森林生态系统受各项政策的影响方向及影响程度。

第四，基于农户视角，对林改以后森林资源经营主体的行为进行分析，并评价林改以后农户的经营意愿和经营行为对森林生态系统的影响，在此基础上对林农经营行为的影响因素进行分析。

第五，基于林改对森林生态系统影响的测度和评价，分析现行林权制度改革政策对改善森林生态系统的有效性，在此基础上总结现行政策存在的问题，并提出具体的解决对策和完善制度的建议，为进一步深化林权制度改革提供科学的政策依据。

1.2.2　研究意义

从制度变革的角度来看，制度变革过程中最本质的问题就是利益关系的调整。利益关系的调整必然会影响到林改主体对森林资源相应的行为，进而对森林健康经营产生影响。目前把林权改革的主体——林农作为主要对象进行分析的比较多，而对林改的客体，即森林资源和森林生态系统作为对象，进行研究的比较少。本书立论的基础就是通过制度和利益调整变化，以森林生态系统作为研究对象，分析和探讨林改的主体对客体产生了哪些方面的影响。

本研究以集体林权制度改革为研究背景，把制度经济学、资源经济学、森林生态系统经营、森林生态系统服务功能等理论应用到现实改革和林业经济领域当中，实际上是对制度经济学、资源经济学以及森林生态系统经营等理论在林业改革当中的进一步应用和发展，具有很重要的学术意义。同时，产权制度改革是一个复杂的制度变迁过程，林权改革必然导致林农行为变化。林农的经营多以自身利益实现为目标，这种利益实现能否跟森林生态目标相一致，是非常重要的学术和政策问题。

从实践角度来看，集体林权制度改革已经进入全面推广深入阶段，深层面的利益问题已经凸显出来。而这种矛盾利益冲突，特别是制度变革以后森林资源经营主体的各种活动对森林资源经营的负面影响已经显现。随着林改的不断深入，协调林区林农收入、生态改善的关系是关键。本研究对林农经营在生态方面产生的影响进行判断和识别，能够为进一步完善深化林改的政策，特别是森林资源可持续经营、科学管理等方面的政策提供依据，具有一定的实践意义。

1.3　研究的主要内容

本研究从制度经济学角度出发，研究林改以后森林资源经营主体对客体的影响，通过具体的测度和分析，得出解决矛盾和问题的对策，为进一步完善林业产权制度改革的相关政策提供科学依据。研究的主要内容及总体思路如图1-1所示。

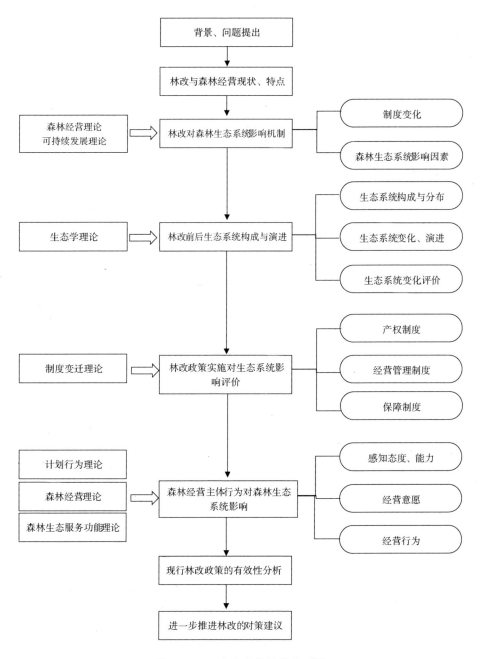

图1-1　研究内容的逻辑关系图

Fig. 1 –1　The research content of logic diagram

本研究的重点内容包括以下几部分：

第一，对福建省三明市林权制度改革的推进现状及存在的问题进行分析。本书选取福建省三明市作为研究区域，以该区域为研究对象进行实证分析。通过资料的收集和实地调研所获数据，对调研区域林业发展和林权制度改革的整体情况进行总结和梳理。具体而言，本部分主要基于实践，对福建省三明市林权制度改革的实际做法进行分析，考察当地林改推进过程中，以产权明晰为主的林业政策如何进行具体的制定和实施，尤其是林改以后森林资源经营、生态保护与生态建设等政策的实施情况。分析三明市在林改过程中，利益关系的调整问题由谁主导、效果如何，是否引起矛盾，发现今后改革过程中潜在的问题等。对于当地林权制度改革推进现状，尤其是与森林资源经营和森林生态系统可持续发展相关的林改政策及存在的问题进行系统的梳理和分析，为下面分析产权制度改革对森林生态系统的影响提供了研究的现实基础。

第二，分析和研究林权制度改革这一制度变化后以林农为主体的经营对三明市森林生态系统的影响机制。本部分既是理论层面的梳理，也是结合实证调研的对研究核心问题的一般性分析。从制度经济学的视角出发，结合森林生态系统经营的影响因素，分析产权制度变革导致的资源配置与利益分配的变化，以及对森林资源经营和森林生态系统的影响。在制度变化层面，从所有权、使用权、管理权、利益调整与分配制度四个方面来分析林改以后制度发生了哪些具体的变化。在森林生态系统经营方面，从经营内容、经营形式、经营规模等方面探讨森林生态系统经营的影响因素发生了哪些变化，并在此基础上进一步探讨林改带来的制度变化如何作用于森林生态经营，即制度变化对森林生态系统的影响机制。

第三，对福建省三明市林改前后生态变化进行评价和分析。作为典型的集体林区，林改是关系到三明市整个区域发展的重大改革，本研究关注林改的生态目标，那么就必须思考一个基本问题：林改前后三明市整个区域的生态情况变化如何？森林生态系统变化如何？这些变化是否与林改有关联。本部分将基于生态系统变化的视角，从区域整体生态系统、森林生态系统两个层面对三明市林改前、林改初期、深化林改时期的生态系统变化情况进行分析与评价，并在此基础上分析林改对三明市生态系统整体变化以及森林生态系统变化的关联关系。

第四，现行林改政策对森林生态系统影响综合评价。本章将基于管理者视角，构建林权制度改革以后以产权制度为核心的林改政策制度下，林农经营对森林生态系统影响的综合评价指标体系。采取 AHP—模糊综合评价方法，从产权及产权相关制度、森林资源经营管理制度、保障制度三个方面对现行林改政策下林农经营对森林生态系统影响进行综合评价。主要评价林改后在各项制度和具体政策的实施下，以林农为主体的森林经营对森林生态系统产生了哪些具体的影响，并根据评价结果分析哪些政策的实施有利于森林生态系统的改善，哪些政策的实施对森林生态系统产生了不利影响，这些有利和不利影响的程度如何。通过这些判断和评价，可以得出在现行的制度体系下，哪些具体的制度和政策能够使林农的经营行为对森林资源和森林生态系统产生影响，从而为今后深化林权制度改革过程中政策的制定提供科学的依据。

第五，基于农户视角的林改后经营行为对森林生态系统的影响。林权制度改革以后林农的森林资源经营行为是提高林地生产力、促进森林生态系统可持续发展、巩固林权制度改革成效的关键，也是此次改革能否从根本上促进林业可持续发展的核心问题。本部分将基于农户视角，从林改以后林农的森林资源经营行为出发，分析和研究集体林权制度改革以后农民对森林资源经营的认知、态度、意愿、行为等与森林生态系统服务功能变化的关系及其影响。通过本部分的分析结果，可以考察现行的林权制度改革对于农户的森林资源经营态度、意愿和行为产生了哪些影响，这些影响的具体大小如何，为今后政策的制定提供方向。

第六，林改以后森林资源经营政策对改善森林生态系统的有效性分析。在梳理和归纳林改后新的森林资源经营政策体系的基础上，分析与森林资源经营的相关政策在引导和规范林农经营行为、提升森林资源和生态系统功能方面的有效性。对经营政策的激励和约束机制进行分析和探讨，并寻找激励和约束的不足与缺失。

第七，根据研究结论，构建进一步完善林改的制度框架，并基于此框架提出具体的政策建议。根据本研究的林改对森林生态系统经营的影响及评价，旨在探究林权制度改革过程中改革政策实施和改革主体的行为对客体产生的影响，而上述分析和研究的结果为进一步完善林权制度改革的政策制定提供了理论和实证的依据。本部分在以上研究结果的基础上，构建继续推进林权制度改革的制度框架，并基于此框架提出今后继续推进林权制度改革的具体对策和建议。

1.4　研究的技术路线

本研究的总体思路与技术实现过程如下：（1）提出问题。首先通过文献查询和实地调研发现问题；在此基础上进一步通过文献综述和资料查询，梳理研究的背景，从而提出问题；在确定了所要研究的问题之后，确定研究的具体方案。这一部分采用的研究方法主要是文献法和实地调研法。（2）分析问题。在确定了研究的具体方案之后，对本研究的核心问题逐一进行分析，研究的核心问题主要包括五个部分：林改以后制度变化及森林经营变化的理论探讨；林改前后区域生态格局变化特征与评价；农户行为变化及其对生态系统的影响；基于管理者视角的林改对森林的影响；森林经营政策体系的综合有效性分析。在分析问题这一部分，方法主要包括调查研究的方法、分析研究的方法。其中，在具体的调查研究中，主要采取了资料收集、管理者访谈与问卷调查、专家问卷调查、农户问卷调查等方法。在分析和研究问题时，采用了生态格局评价法、AHP—模糊综合评价、结构方程模型（SEM）、政策逻辑分析等方法。（3）解决问题。在对核心问题进行分析的基础上，得出本研究的主要结论，并结合研究目标，构建制度框架并提出具体的政策建议。

研究具体的思路及技术路线如图 1-2 所示：

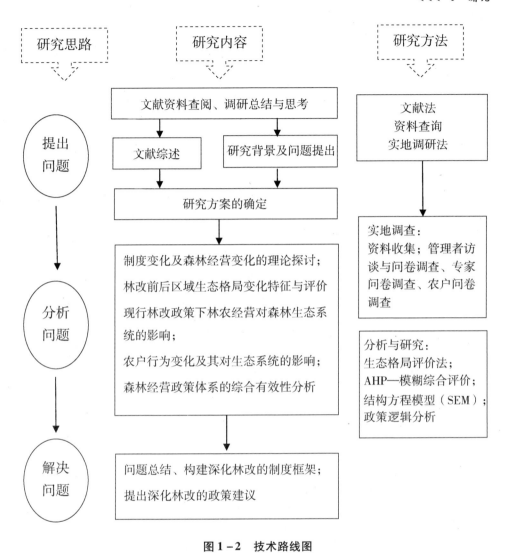

图1-2 技术路线图

Fig. 1-2 The technical route of this research

1.5 数据来源

本研究是在国家林业公益性行业科研专项"林改后南方林地可持续高效经营关键技术研究与集成示范（201004008）"课题支持下进行的。数据的主要来源为三明市集体示范区的实地调研。研究选取福建省三明市为研究区域，于

2012 年 7 月至 8 月、2013 年 1 月、2013 年 7 月至 8 月、2014 年 1 月、2014 年 12 月对福建省三明市的 10 个区县（三元、梅列、永安、将乐、宁化、明溪、清流、沙县、泰宁、尤溪）进行了实地调查。研究样本县的选取如图 1 - 3 所示。

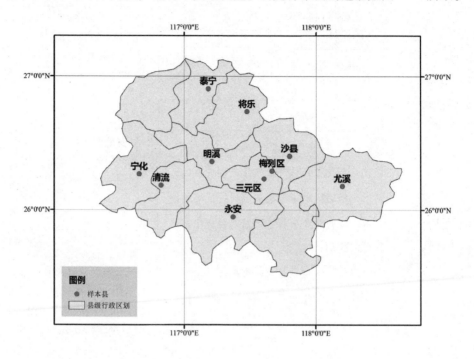

图 1 - 3　样本县的分布

Fig. 1 - 3　The distribution of the sample counties

本研究数据的获取来源主要包括三个方面：三明市及各区县二手资料收集；林业局管理人员参与式座谈、关键人物访谈、问卷调查；农户问卷调查。具体的实地调研内容如图 1 - 4 所示。

（1）资料收集

本研究是在集体林权制度改革的背景下研究制度改革的主体对客体的影响，针对研究的主要内容，需要收集三个方面的基础资料和数据：

①研究区域概况，包括自然、社会、经济的基本情况。实地调研过程中，通过三明市政府、三明市统计局等部门的相关规划、工作总结、《三明市统计年鉴》等来获取基本资料与数据。

②能够反映研究区域林权制度改革的政策实施与进展情况的相关资料和数

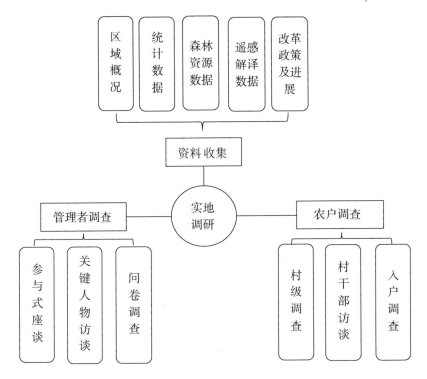

图 1 - 4 实地调研的主要内容

Fig. 1 - 4 The main content of the investigatio

据。这一部分数据主要通过研究区域林业部门的调研获取，收集的资料包括三明市及各区县林业发展基本情况、集体林权制度改革推进的工作方案与工作总结、林改统计表、推进林改的地方性政策和制度、林改各项配套政策（流转、抵押贷款、合作组织、森林保险、公益林补偿）的实施情况及存在的问题等。

③能够反映研究区域森林资源以及森林生态系统特征及演进过程的相关资料和数据。这部分数据主要包括三明市及各区县森林资源清查数据、2000年、2005年、2010年遥感解译的三明市土地覆被数据等。

（2）管理者座谈与问卷调查

本研究的核心问题是分析与评价林权制度改革对森林生态系统带来的影响。而林改对森林生态系统的一些具体影响难以直接对其进行判断，而管理者作为林权制度改革的政策制定者和实施者，改革过程中对森林资源经营以及森林经营行为森林生态系统产生的影响有最为直接和真实的判断。因此，他们对这些问题的认知、态度、判断具有一定的客观性和真实性。为此，本研究从管理者层面，通过参与式座谈、访谈、问卷调查 3 种形式，针对林改对森林生态系统的影响进行了实地调研。

首先，通过参与式座谈的形式，对所研究的问题进行初步判断和识别。在三明市林业局，邀请政策法制科、林政资源管理科、造林营林科、科技科、防火办、处纠办、森林资源管理站、科技推广中心、种苗站、生态监测中心等部门主要业务人员开展座谈会，对林权制度改革以后森林资源经营问题、林改后森林资源经营发生的变化、林改对森林生态系统影响等核心问题进行讨论，最终得出一致结论：林权制度改革以后，森林经营主体的变化给森林资源经营带来了诸多新的问题，森林经营主体的数量骤然增加、林地资源的分散和破碎化等问题不断显现。可以说，林改后森林资源经营主体的经营行为发生了很大的变化，这些具体的行为变化已经开始给森林生态系统带来各种影响，但这些影响具有不确定性。

第二，通过与关键人物进行参与式访谈，确定研究的关键问题和研究视角。在实地调研过程中，在三明市、将乐县、尤溪县、沙县林业主管部门各挑选 5 名与林改、森林经营密切相关科室的业务骨干进行了关键人物访谈。根据访谈的结果，初步确定了研究的关键问题有如下五个方面。

①林改作为一项制度变革，究竟制度的变化是如何作用于森林生态系统并对其产生影响的。

②作为典型的集体林区，林改是关系到三明市整个区域发展的重大改革，那么考虑到林改的生态目标，必须思考一个基本的问题：林改前后三明市整个区域的生态情况是否发生了变化，森林生态系统是否发生了变化，以及这些变化是否与林改有关。

③林改作为一项综合改革，各个具体的制度和政策的实施会对林农的行为产生影响，进而影响森林生态系统。那么这些具体的制度和政策实施以后，哪些对森林生态系统产生了有利影响，哪些产生了不利影响，需要对其进行判断和评价。

④林改以后，林农作为森林经营主体，他们在森林资源经营方面的行为变化如何，其经营行为的变化是否会对森林生态系统产生影响，具体影响如何。

⑤林改以后，与森林资源经营相关的政策对提升森林生态系统功能的有效

性如何，有无相应的激励和约束机制。

确定了以上问题为研究所需要解决的关键问题以后，就分别针对管理者、农户设计相应的调查问卷并开展问卷调查工作。

第三，通过管理者问卷调查对所研究的关键问题进行量化调查与分析。实地调研中，针对林改对森林生态系统的影响设置了专项问卷调查，管理者调查问卷主要包括被调查者基本信息、对林改政策的认知和态度、林改对林农行为的影响、在林改各项政策实施下林农经营行为对森林生态系统的影响判断及打分、林改中存在的关于森林资源经营的问题等。调查的对象主要选取三明市林业局和各区县林业局资源科、林政科、造林科等与森林资源经营密切相关部门的业务骨干进行调查，同时对乡镇基层林业站的关键技术人员进行了调查。调查共发放 250 份问卷，收回有效问卷 228 份（其中三明市林业局 32 份，各区县林业局 148 份，乡镇基层林业站 48 份）。

（3）农户调查

在农户层面，针对研究确定的关键问题，设计调查问卷，从村、村干部、普通农户三个层面进行了问卷调查。在实地调研过程中，共选取了三明市 10 个区县的 71 个行政村的 1424 户农户进行了问卷调查。其中，900 户农户的调查是针对林改以后农户对林改的认知、态度和自身参与林改情况的一般性调查。在一般性调查的基础上，针对"林改对森林生态系统的影响"这一专题，在将乐县、尤溪县选取 524 户农户进行了专项调查。调查的主要内容包括：①户主和家庭基本信息；②家庭自然资源禀赋状况；③家庭收入与支出情况；④对林改的认知、态度；农户林改后森林资源经营具体行为（种苗选取、造林、抚育、采伐、保护等）；⑤林改后森林经营对森林生态系统服务功能影响的认知和判断等。

2 理论基础及相关研究综述

对相关研究理论进行科学的梳理，是科学研究的基础和前提。本研究所研究的集体林权制度改革对森林生态系统的影响，涉及社会科学和自然科学等领域的诸多理论和概念，因此本章将对研究所涉及到的相关概念、理论和现有研究进行系统的梳理和总结，为本研究提供相应的前提和基础。

2.1 相关研究理论

本研究的核心在于分析和评价集体林权制度改革以后，林农的经营对森林生态系统的影响。研究的背景和前提是南方集体林权制度改革，是我国林业发展中的一项重大的制度变革，而研究的对象是这一重大制度改革作用于森林生态系统所产生的结果。从理论层面来看，在研究这一问题时，林权制度改革作为一项重要的制度变迁，对其进行研究首先是以制度经济学为基础的。同时森林作为一种自然资源，以森林为主体的改革又涉及到资源经济学的相关理论。而研究森林生态系统的变化和影响因素，又必然涉及到生态学的相关理论。因此，本研究同时涉及到了社会科学和自然科学的多个相关理论，具体包括三个方面：制度经济学相关理论、资源经济学相关理论以及生态学相关理论，如图 2 - 1 所示。

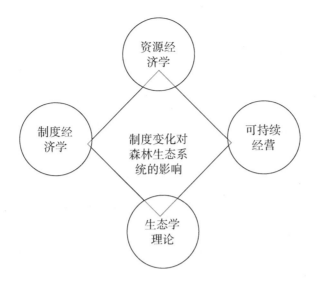

图 2 - 1　本研究的相关理论

Fig. 2 - 1　The related theory of research

2.1.1　制度经济学理论

我国南方集体林权制度改革，其核心问题就是以产权为中心的一系列制度变革。从理论上看，对集体林权制度改革的研究，其最重要的理论基础就是制度经济学的相关理论。森林生态系统的演进和变化，一定程度受到了林业产权制度变化的影响。因此，对制度经济学的相关理论进行梳理，是研究和评价林权制度改革及其对森林生态系统影响等相关问题的理论基础。

2.1.1.1　产权理论

新一轮南方集体林区林改的核心就是产权制度的改革，林业产权是此次林改的前提和基础，而明晰产权则是此次制度变革的最核心的任务，因此对产权理论进行梳理和分析，尤其是对产权的内涵、属性和功能的梳理分析，对于分析集体林权制度改革问题具有十分重要的理论指导意义。

（1）产权的内涵

产权是一种最基本的经济制度，而任何经济活动都是在一定的经济制度下进行的。对经济活动和经济行为的分析必然涉及财产权的问题，私有产权是形成自由竞争市场经济社会的根本动力。1937 年科斯发表了经典代表作《企业的性质》，产权理论被提出。随后在 1960 年科斯的另一经典作品《社会成本问题》发表之后，产权理论就完全被纳入经济学研究体系之中。之后，科斯的追随者也都从不同角度对产权理论的完善和发展做出了巨大的贡献（刘灿，2007）。

不同的学者研究的视角不同，因此对于产权的理解也会产生一定的差异。一些经济学家认为产权是人们对财产等物品的各种权利的综合，是一种人们所拥用物品的各种权利的集合，可以看作一种权利束。有的经济学家则认为，产权不仅仅是人对物的关系，更是人们由对物的使用所引起的人与人相互之间的关系。甚至有一些学者认为产权的内涵要更广泛，认为产权还包括人们的行为规范和准则，是一种社会制度。

虽然不同学者研究产权问题的出发点和着力点不同，但他们对于产权的定义和理解具有一定的共性。通过众多经济学家对产权的定义和解释，可以对产权的含义做如下解释：首先，产权是人们使用物时所引起的一种相互关系，是人与人之间的关系；其次，产权是一种权利束，它是多种权利的集合；最后，产权是一种社会制度，它规定了人的一些行为准则。

从我国林业产权的安排来看，集体林权就是一种以集体林为对象的"权利束"，包括森林资源的所有权、经营权、处置权等。因此在我国新一轮集体林权制度改革推进的过程中，确定能够使产权发挥效率的产权主体是一个很重要的问题。在明晰产权基础上，确定森林资源的经营主体，为林业实现经济、社会、生态效益提供良好的制度基础。

产权明晰是市场化资源配置的一个重要前提和基础，这也是进行林权制度改革的重要理论依据。明晰产权，能够提高产权所有者对林地的积极性，增加投入，提高林地生产力，更合理配置资源，更有利于林地林木资源市场化，进而促进林业经济发展。另一方面，从森林资源保护和森林生态系统功能提升的视角来看，产权的明晰使森林资源管理的主体进一步明晰，经营主体是否能够在获得林业产权的基础上，对森林资源进行保护，林改的生态保护目标是否能够实现，也是集体林权制度改革实施过程中应该充分重视和研究的问题。

2.1.1.2 制度变迁理论

我国经历了几次重大的林权制度变革，每一次改革都是一种新的制度代替原有制度的过程，且我国以往的林业产权制度变革多以政府主导的强制性制度变迁为主。由此可见，集体林权制度改革作为我国林业发展中的重大制度变革，其整个过程就是一个制度变迁的过程，因此对此次林改的相关问题进行研究，必然需要以制度变迁理论为基础。在制度变迁理论背景下分析集体林权制度演进过程中的深层次问题，有助于更好地探析林改对森林经营和森林生态系统的影响问题。

人类社会的发展过程就是制度不断演化的过程，所有的社会经济的变迁，都可以看作制度的变迁。制度就是按照一定的规则来约束人们行为的一系列准则。而制度变迁是新的制度替代原有制度的过程，是制度的转换与交易的实现。制度变迁理论有两个基本点：一是制度变迁的动因在于获取主体期望获得最大的潜在利润，获利能力不能在现实的产权制度结构内实现是制度创新和变迁的根本原因。二是政府和国家是制度的制定者，国家利益和意识形态在制度变迁中起着重要作用。因为作为制度的制定者，政府必然将其意志融入新制度中，并通过制度的实施实现政府的制度目标。国家的作用主要是规定和界定产权，但这却是最为重要的制度安排内容，例如，哪些资源产权是国家所有，哪些是集体所有，那些可以私人所有等。

此次林权制度改革作为一种诱致性制度变迁，更多的是通过政府的推动来实现。无论是改革方案的设计、相关政策的出台和实施，包括整个制度的成本，大部分都是由政府来承担。在这种以政府推动为主的情况下，更需要考虑在此次产权制度改革的过程中，所设计的制度变迁方案在实施以后，能否和制度设计的初始目标相一致，这是能否达到此次林权制度改革的一个很重要目标——提高森林资源经营水平，提高森林质量。

诺思认为一项制度变迁需要经过五个步骤，通过这五个步骤使制度从不均衡逐渐趋向均衡。但由于外在因素的不断变化，制度又会出现非均衡。为此，又要进行制度创新。制度变迁就是一个制度从均衡到非均衡，然后再到均衡的变迁过程。结合制度变迁的理论可以归结出林改这一重大制度变迁的过程可以概括为五个步骤：首先，要形成能够推动制度变迁的第一行动集团。在林改过程中，第一行动集团就是政府。第二个步骤是第一行动集团提出制度变迁的具体方案。第三个步骤是第一行动集团针对方案进行评估和选择。在林改中就体现为各级政府制定林权制度改革实施方案。第四个步骤是形成推动林改的第二行动集团，现实改革过程中第二行动集团就是集体林区的广大农民。第五是在两个行动集团（政府和林农）的共同努力下，最终推动和实现制度变迁。从我国集体林权制度改革的现实情况来看，政府和农民作为两个不同的利益相关者，在森林资源经营方面，目标并不一致，处理不好会导致利益的相互损害。这个问题如果不能很好地解决将会导致林改的推进过程受到阻碍，影响林改成效。

2.1.1.3 交易费用理论

集体林权制度改革作为一项重大的制度改革，其制度变迁过程中必然产生各种交易成本。林改相关政策的制定、实施都需要均衡政府、企业、林农等各个行动集团的利益。集体林权制度改革是以产权为核心的综合改革，是一个综合性的、动态的进程。在具体的林权改革实施中，政策的制定、执行、监督以及保障措施的实行，各个环节的推进都需要付出巨大的交易成本。因此，交易成本理论是研究集体林权制度改革问题的一个重要理论基础。

林改带来森林资源经营的一系列问题的解决是需要成本的，这是制度变迁本身制度成本维系的重要组成部分。林改的一个核心问题，就是林业本身经营当中的公利和私利的矛盾。为了维护和保证林农的收益，发展林业经济，同时也要解决生态环境问题，政府就要设计相关政策，例如政策性保险、抵押，优惠的投融资政策，对森林资源经营方面的各种技术支持等，这些都是需要投入成本的。从制度变迁成本的角度，能够认识到制度变迁中负面影响可能产生在哪些方面、多大程度、呈现什么样变化趋势，进而对后续可能发生的制度成本有明确的认识，从制度本身的调整来克服其可能产生的负面影响，减少制度维系的成本是此次林权制度改革过程中十分关键的问题。

2.1.2 资源经济学理论

2.1.2.1 资源产权理论

人类的需求具有无限增长和扩大的趋势，而在一定的时间与空间范围内资源是有限的。相对于人类无限的需求而言，自然资源具有稀缺性的特点。一方面，在一定时间范围内，物品本身是有限的。此外，对资源进行生产利用的技术是有限的，同时人的生命也是有限的。当经济的快速增长达到一定程度时，经济的增长与自然资源及环境保护会产生一定的矛盾。从经济学角度考虑，这种矛盾是自然资源价格与其稀缺程度的不一致性所导致的，而缓解该矛盾的的办法在于对自然资源进行合理定价和有偿使用，进而实现其有效配置（Burley，et al.，2010）。然而如果没有建立自然资源的产权制度，自然资源的交易就无法实现。因此，有效的产权制度是实现自然资源合理配置的前提（Melletti，et al.，2010）。

自然资源及其产权安排是一国经济增长与发展的决定性因素，因而自然资源产权制度的安排在任何国家都具有重要的地位。明确的产权是自然资源发挥其最佳效用的关键，自然产权制度的完善与创新有着极大的应用价值，直接决定着自然资源的配置效益、开发利用效率和保护培育程度。

自然资源产权制度具有一定的特殊性。自然资源是一种具有可再生性或不可再生性的特殊的生产要素（Krasnoshchekov，et al.，2007）。虽然自然资源具有可再生性，但若开发利用不合理也会发生不可再生的逆转。而本身就不可再生的资源，若对其过度开发和利用更是会加速其消耗。自然资源产权的特殊性，从本质上看是由其自身属性所决定的（张景华，2008）。

2.1.2.2 自然资源的外部性理论

所谓外部性，布坎南（Buchanan）和斯塔布尔宾（Stubblebine）将其描述为：只要某人的效用函数包含的某些变量在另一人控制之下，就存在外部性。外部性的特点包括：第一，外部性是市场交易之外的一种利益关系；第二，发生外部性的主体，其行为可能对他人带来效用损失，也可能使其效用增加；第三，外部性可能会出现在双方领域，即外部性影响的承受者可能是某一方，也可能是另一方（林成，2007）。

因此，外部性可分为正负两种。马歇尔提出的"外部经济"就属于正外部性，其表示能够给承受者带来一定的利益；而庇古的"外部不经济"即负外部性，表示该影响能够给承受者带来一定的损害。外部性问题的实质就在于社会成本与私人成本之间发生偏离，这种偏离会导致资源配置失当（Coase，1962）。林业的正外部性主要体现在对森林资源的合理经营方面，而负外部性主要体现在森林火灾、林木偷盗以及对天然林的乱砍滥伐上（田淑英，2010）。

自然资源的产权问题来自于自然资源的外部性。外部性属于福利经济学的核心范畴，也是市场经济中政府干预经济的重要理论。自然资源具有公共物品的属性，因此自然资源的利用会产生外部性。

2.1.2.3　森林资源产权及外部性

森林资源产权通常被称为林权，是林地、林木的合法所有者拥有在法律规定范围内独占性地支配林地和林木的财产性权利结构（Mortimer，2008；Smith，et al.，2008；Ziembik，et al.，2009）。在我国土地公有制情况下，我国的森林资源所有形式有两种，即国家所有和集体所有。森林资源作为一种自然资源，森林资源产权包括了林地和林木的各种权利。森林资源的外部性主要表现为森林生态系统所产生的生态效益具有非专一性和非排他性。因此对于森林资源所提供的各类公共服务，其所有者无法排除他人而独自使用，这就导致了森林资源消费中的权利义务失衡问题。

2.1.3　生态学相关理论

本研究最终的目标是分析和评价林权制度改革这项重大制度变革对森林生态系统的影响，其最主要的研究对象是森林生态系统。林改以后生态系统、森林生态系统的基本特征与变化如何，需要从森林资源结构、区域生态景观格局等方面进行具体的考察与评价。因此，生态学的相关理论是本研究对森林生态系统进行科学评价的重要理论基础。

2.1.3.1　森林生态系统服务

生态系统服务是指通过生态系统的结构、过程和功能直接或间接得到的生命支持产品和服务，这些产品和服务是人类生活的必需品和人类生活质量的保证（Costanza R d，1997）。森林生态系统的服务功能主要是指森林生态系统在自然演进过程中所形成的能够维持人类生存、维持自然环境稳定的效用。生态系统服务功能价值量化体现了生态系统服务功能给予人类生存和发展所必须的生态产品及其生命系统支持的功能。本书对林改以后林农经营对森林生态系统影响进行研究，就首先要搞清楚森林生态系统能够提供什么服务，森林生态系统的影响因素有哪些，因此理解森林生态系统服务是研究的一个重要基础。

2.1.3.2　景观生态学

景观生态学（Landscape Ecology）是生态学的一个新的分支，是德国地理学家 C. 特洛尔在 1939 年首先提出的。景观生态学是运用生态系统的原理和方法来研究景观结构和功能，目前主要用于研究一个较大的区域范围内，由不同的生态系统类型组成的景观的空间结构、动态变化和相互作用。在生态系统格局变化的研究中，景观生态学的相关理论和研究方法有着非常重要的作用。如今，景观生态学应用最广的是在较大的空间范围和较长的时间范围内研究生态系统的空间格局和生态系统的变化过程，是一门新兴的多学科之间的交叉学科，主体是生态学和地理学。

森林生态系统作为陆地上最大的生态系统，其在空间和时间尺度上的生态演进过程可以通过景观生态学的理论与研究方法加以评价。集体林权制度改革以后，作为此次制度改革的客体，森林资源和森林生态系统在时间和空间尺度上的变化和演进过程，可以直观地反映出林改前后生态系统的变化特征。尽管生态格局的变化并不完全是由林权制度改革所导致的，但在南方集体林区，林权制度改革作为一项重大变革，对森林资源和森林生态系统变化必然会产生一定的影响。那么以遥感解译的土地利用数据为基础，采用景观生态学的分析方法，进一步分析生态系统变化与林权制度改革的关联性，可以为林改对森林生态系统的影响评价提供更为科学的依据。

2.1.3.3 森林生态系统经营相关理论

（1）森林生态系统的概念与特征

在生态学中，生态系统是一个重要概念，代表了一定空间和时间尺度上，不同生物群落以及生态环境组成的一个复杂的综合系统。森林生态系统是以树木为主体的群落以及周围的环境所组成的一个完整的生态系统。由于森林生态系统的主体是乔木等树木，同时森林生态系统组成复杂、结构完整，因此与其他生态系统相比，森林生态系统具有十分明显的特征，具体表现在以下几个方面：第一，森林生态系统占有巨大的空间面积，全球森林面积占陆地总面积的30%左右，在陆地生态系统中占据绝对的主导地位。第二，森林生态系统具有多样性和复杂性。除了树木群落之外，还有大量的动物分布在其中。森林生态系统是陆地生态系统中的一个巨大基因库，物种群落十分丰富，使得该系统具有多样性和复杂性。第三，森林生态系统的生物量占陆地生态系统总生物量的90%以上。第四，森林生态系统具有多种效益，其中，净化大气、防风固沙、涵养水源、保持水土等生态效益十分明显。第五，森林生态系统持续处在动态演替中，一般包括进展演替和逆行演替。进展演替是森林结构和功能从简单和不稳定向复杂和稳定的方向发展；逆行演替则是相反的过程，往往都是由于不适合的外界环境的干扰导致的。

（2）森林生态系统经营

美国生态学会生态系统管理特别委员会1995年对生态系统经营进行了全面的评价，认为生态系统经营是以可持续经营为目标的经营活动。生态系统经营并不是一般意义上对生态系统的经营活动，它促使人类必须重新审视自己的经营行为。根据对生态系统经营的一般性理解，可以将森林生态系统经营理解为：人类在与森林生态系统进行物质能量等交换的过程中，以保护森林生态系统功能及其完整性为目标，追求人类活动和生态系统之间能量转换和物质循环的动态平衡，以此实现森林生态系统综合效益。

森林生态系统经营不仅仅包括森林生态系统中的动植物资源的经营管理，而且还包括森林生态系统的物质环境管理；森林生态系统经营的目标是通过经营活动使森林资源配置最合理、森林生态系统功能和结构达到最优、长期保持森林健康与生产力等整体功能最佳，在此基础上满足森林自身发展的需求和社会对森林整体效益的需求。

2.1.4　森林可持续经营理论

可持续发展理念产生以后，作为陆地生态系统的重要组成部分，森林的可持续经营成为1992年"世界环境与发展大会"关注的热点，这是全球第一次突出强调林业可持续发展问题，在随后相继出现的《关于森林问题的原则声明》《生物多样性公约》《21世纪议程》等重要国际文件中，森林可持续经营理念得到不断丰富和发展。

森林可持续经营的基本含义是：可持续地管理森林资源和林地，满足现在和未来世代的社会、经济、生态、文化和精神需求。森林可持续经营的核心是提高森林质量及其服务功能（国家林业局，2013）。森林生态系统的结构决定了其功能的多样化和大小。

2.1.5　小结

制度经济学理论是本研究最重要的理论基础，林权制度改革的关键问题之一就是集体林产权的界定。而所谓的制度问题，其本质就是利益关系的调整和分配问题，因此林权改革过程中，研究利益关系的调整必须建立在资源、产权、制度变迁、交易费用等一系列制度经济学的理论基础之上。我国新一轮集体林权制度改革是一项森林资源产权制度改革，这一重大改革必然对森林的经营方式和经营效果产生影响，从而对森林生态系统产生影响。在林权制度改革中，这种资源产权制度包括四个方面：所有权制度、使用权制度、管理权制度以及利益分配制度。本研究是以这四个方面的产权制度改革体系为研究对象，来研究林权制度改革对森林生态系统的影响，并对这些影响进行评价和测度。

森林是重要的自然资源，具有自然资源稀缺性的特点。同时，森林资源也是一种公共物品，具有外部性的特点。森林生态系统是一个有生命的、开放的、动态的、复杂的系统，在研究森林生态系统的特征和发展变化规律时，要重点强调系统的内部机制、功能水平和可持续发展能力。因此，如何通过有效的经营管理措施来完善系统的结构，是提高森林生态系统功能水平、最终实现森林的可持续经营的关键。因此，资源经济学的相关理论，尤其是外部性理论，也是本研究重要的理论基础。

制度变迁的最终结果是要实现自然资源与经济、社会的协调发展，即实现自然资源的可持续发展。在林业可持续发展中，森林生态系统是重要的资源条件和环境保障，也是集体林区乃至全国林业可持续发展的前提和条件。如果林权制度改革对最根本的基础产生了影响，那么林权制度改革必然是存在一定问题的。资源的可持续和资源质量的不断提升是森林生态系统稳定和可持续经营的一种体现。资源可持续和生态系统的健康稳定发展，尤其是林改以后森林资源质量是否提高、森林生态系统是否稳定健康发展，都需要对其进行客观的判断。因此运用生态学相关理论对其进行较为科学的判断，也是本研究的重要内容。

2.2 国内外研究综述

2.2.1 国外森林产权制度对生态系统影响的相关研究

国外诸多学者对不同产权的森林资源经营管理方式及其对生物多样性、景观特性方面的影响做了大量研究（Crow T R，1999；Spies T A，2007；Gustafson E J，2007；Siry J，2010）。从世界范围来看，森林产权所有制形式主要包括公有制和私有制两种。从欧美国家的森林资源产权来看，一般而言，私有林的面积占到了全国森林面积的 50% 以上（Hoen H F，2006；Smith W B，2007）。在不同的森林资源产权所有制的共同作用下，森林的木材生产和生态环境保护形成了相互制衡的发展。这对于欧美国家的森林资源的质量和数量、森林生态系统的稳定甚至是社会发展都非常有利。但也有研究表明，从产权的角度来看，多种所有制共同管理也会产生一些弊端，例如，在资源私有权管理制度下，极易形成森林资源产权的分散，从而造成森林景观的破碎化以及森林生态系统功能的下降。私有产权制度下产生的林权细碎化和分散化的问题引起了世界各国的广泛关注，森林资源的分散经营、经营林地规模变小等现实问题使森林资源经营者的经营成本有所增加，同时也使经营者保护和管理森林资源和森林生态系统的难度有所增加。从制度变迁的交易成本理论来看，制度的不断变化，导致了交易成本的一步步提高，而且提高的程度越来越显著。因此寻找解决这些问题的方法成为了必然的选择。各方都尝试了一些方法，即林权的流转、合作等，具体来说有在多种产权所有制之下，寻求合作化、规模化经营管理等。虽然各国的国情和林地的产权制度安排有所不同，但国外森林资源产权的制度演进过程、不同林权制度下的森林经营方式和出现的问题，以及各国在解决林权制度安排不合理的诸多问题上所采取的措施等，对于我国建立和完善森林资源产权制度、推进南方集体林权制度改革都有着十分重要的借鉴意义（李娜娜，2011）。

国外对森林产权制度的研究表明，森林产权制度安排会影响林业经营活动中人们的经济行为，对人们造林、护林以及合理利用森林资源产生了深远影响。因此，它决定了资源分配的效率与相关利益者的利益关系调整密切相关（Kuznetsova, et al., 2009）。明晰森林的产权关系，在实现林业可持续发展方面有着积极的推进作用。林业政策种类、项目、条款诸多，但其核心内容是不变的，即产权方式的确定。林业产权无法稳定，无法形成整体，这使得林业管理体制不畅，森林退化和林业的不可持续也是因此所致。

国际上，诸多国家对某些自然资源，尤其是一些具有垄断性质的自然资源，对它们的产权进行了一系列的改革，这是起到积极作用的，但是在对于森林这一自然资源的产权上，改革的进程不尽如人意。Mortimer（2008）认为是由于森林资源特殊的公有产权性质所决定的。而 Salka 等（2006）则认为并不是资源的公有产权，而是由许多国家所处的社会改革进程所决定的，在各国经济转型的过程中，林业市场化制度建设尚需完善，林业市场化目标尚未完成。

国际上，很多关注森林产权问题的学者陆续做了纷繁复杂的调查与研究，通过他们的调查数据，可以得到一些结论。他们分析研究了森林所有权和使用权的产权变革问题，并对这种变革所产生的影响进行了进一步的探索研究，得到的结论是森林产权变革在取得一定效果的同时制造了新的问题，提出了新的挑战（Hall and Marchand, 2010）。Mendel Sohn 为了可以有效地找出森林砍伐速度和产权稳定性之间的关系，对多个国家的森林资源数据进行了研究。研究的结果表明，砍伐的速度和产权，确切地说是使用权与安全性呈现了良好的相关关系，而这种相关关系是负的，即产权制度实施不理想的国家森林砍伐速度相对较快，轮伐周期相对较短。而林地被征用的机会较大，这就造成了人们投资林地的意愿降低，缺乏投资动力（Mendel Sohn, 1994）。Rieardo Godoy 等、Henning Bohn 等对不同国家的研究都支持了以上的观点。他们认为土地产权稳定有利于推进人们不断科学、合理、有效地对森林进行管理，这可以为人们提供有效的经营和管理的动力；与此相对应的是，当森林的所有权不稳定或者让所有者感觉到不安全时，人们开发森林的速度就会不断加快，这就导致了较低的森林蓄积和较弱的产权（Henning Bohn, 2000；Ricardo Godoy, 1998）。Meinzen-Dick 等（2004）也证明了这一点。他们指出，只有所有权和使用权稳定和安全，森林的经营者才会相信经营和管理森林是有回报的，才会对森林进行投资，进而才可能选择进行林木种植等作业，而且，这种安全感和稳定感还必须是有前瞻性和预见性的，即经营者要确认在未来一定的时期内，他们有足够的信心，相信产权不会发生改变（2004）。由此可以看出，不仅仅初始状态下的林地使用权是进行森林经营决策的影响因素，预期的产权稳定也是影响因素之一。举例说明，德国联邦档案法做出了有利的规定，即德国要专门记载整个国土上每一块土地的权属和用途，每一块森林的所有权拥有者等，而且德国的林地档案管理规范，记录准确，内容详细，可以清晰地查到每一块森林、林地的所有权、经营权，而这些法规和措施是促进德国森林可持续经营的有效方法和手段。

为了有效提高本国国有森林资源的效益，世界各国相继进行了各种改革，这些改革的方式与内容主要有以下三点：

一是以国有民营为中心的改革。这种方式主要是利用私有制的高效性，使私有企业参与到森林生态与社会效益实现的活动中来。例如，在日本，20 世纪 80 年代通过分成育林，聚集社会资本 66 亿日元；在新西兰，1984 年通过民营化的方法和手段，使得森林经营的经济效益得到了巨大提升；在加拿大，连续数年实行"国有民营"制度，有效地保证了国有林占 92%，从而造就了加拿大林业的可持续发展和繁荣（宋年富等，1995）。

二是各国实行的以私有化为主的林业改革。这种改革已经具有广泛的国际经验可以借鉴。总体来说，可行的森林私有化只有两种方式：一种是林地本身的资源丰富，生产力相对较高，对林地进行投资周期不长，但回报却较为丰厚；另一种是依赖政府的能力，通过积累成套的经验，制定一系列法律法规，进而推进实现国家的目的，即激励私有林所有者，采用科学、规范、合理的行为来经营森林（罗泽真，2007）。然而实际情况是，森林资源私有化的理论是不被世人所公认的，尤其是在许多研究林业政策的学者中间，他们绝大多数都是研究发展中国家林业问题的。对森林资源私有化表示不认同的主要代表集中在研究社会学和人类学的专家学者之中。

三是以社区管理为中心的改革。这里需要引用联合国粮农组织（FAO）发布的《世界森林状况（2003）》中的一些语句。在该文件中提到了森林公共管理的权利下放问题，并对这个问题进行了专门阐述。文件指出通过政府和社会各方的共同推进，使得一些规章和制度、方法和形式、手段和技术产生了有利的效用，促进了当地社区在森林资源保护与经营活动中的参与程度的提升，使得当地可以从森林经营中得到更多，比重更大的获利，进而使得当地社区有动力提供更优质的森林产品，形成对当地森林进行可持续性经营的愿望，并有效推进与落实这种理想。但是，权力下放并不是只有利益的，与之俱来的是一些新的问题和新的挑战，比如虽然中央政府具有良好的动机和手段，但是某些地方政府却没有与中央政策达成默契，职权使用不当，缺乏对森林可持续发展问题的责任心；为了缓解财政的压力，杀鸡取卵，对森林进行了过快的利用，导致毁林速度进一步加快；重新制定法律法规不能因地适宜，无法在各种差异化较大的区域达到同样的效用，反而对森林资源有效管理形成了阻碍。Mendes 和 Macqueen 也不完全赞成这种观点。他们认为，应鼓励建立中小规模的林业公司，之所以提出这种意见的理由是，在建立数量巨大的中小型林业公司的过程中，规模巨大的就业机会也伴随而来，这对森林资源价值增值是有利的，而且这种方式也可以起到减少贫困的作用（Macqueen，2006；Mendes A）。在巴西，森林产权管理的形式也是一种模式，即一部分交给政府管理，而当地社区、原住民则保留另一部分的森林。划给当地社区、土著原住民的森林与林地，只是将使用权进行了下放，而所有权还是由政府保留。在东南亚的一些林业具有重要地位的国家（如泰国、菲律宾和印度尼西亚等），也类似地建立了社会林业制度。南亚印度国家的政府采用了联合经营森林的方式，对森林的产权加以管理（White A，2002）。日本推行了"分成造林""分成育林"和"土地借出"三种制度，鼓励企业、各类团体和个人经营国有林，并进行合理的收益分成。美国大力推行了志愿服务的制度，鼓励更多的公民参与林区的管理和服务，这种志愿服务是非盈利的，但都是某种公共物品，如对林区的游憩设施与装备进行管理和维护、为林区的游客提供咨询等志愿服务、对野生动植物进行保护等（李智勇等，2008）。

可以看出，国际上森林产权经营主要是公有和私有产权如何选择的问题。整体而言，各个国家都保有一定比例的公有森林资源，并没有实行森林资源产权的全部私有化。因此，围绕公有产业森林资源的经营问题，为了解决经营过程中所产生的问题，放权经营成为了大多数专家学者的建议。但是也有不同的声音，如 Tucker 则认为产权问题不是关键所在，无论产权公有还是私有，其有效性是一样的。他指出这个问题的关键是，要建立监督机制，有效落实通过产权来实现森林资源经营者的目的（Tucker C. , 1999）。Mortimer 赞成了一种类似的模式，在政府调控下推进私有产权。他认为政府不仅仅要放权给私人，还要从财政手段上下功夫，对私人保护森林资源的行为进行激励，这才是他最为赞成的森林资源产权的经营形式。以上分析可以看出，在森林资源产权归属问题上，国际上的意见基本是一致的，即没有完全的公有产权，也没有完全的私有产权，这不是二选一的问题，而是主张和提倡二者相互补充，公有产权与私有产权相互配合的问题。但是，没有一个人能够明确地给出应该以什么样的公有产权和私有产权的比例构成来进行森林资源的经营（Mortimer M. , 2008）。

综合以上所论述的内容，通过分析世界主要林业国家的林业发展模式可知，产权确定、经营稳定和政策合理三者之间有着密不可分的联系，即在森林资源经营问题上，明晰准确的森林产权、稳定安全可持续的森林经营权与政府进行科学合理规范的林业机构的设置、法律法规制定、政策制度实施连续性三者之间密切相关。不稳定、不安全、不明晰的森林产权无法保障林业的稳定、可持续发展，这将给森林资源的经营与管理带来巨大的障碍，对森林自然资源造成较大的破坏，对森林所创造的良好生态环境产生较多的负面影响，进而会阻碍到国家政治、经济、社会、文化、生态等各个方面的可持续发展。

2.2.2 国内林业产权制度对生态影响的相关研究

我国林业产权制度经历过几次改革，一直未能很好地解决集体林经营的诸多问题。而 2003 年开始的新一轮南方集体林权制度改革又一次将家庭经营机制引入集体林经营中来，引起了学术界的广泛关注。从关于林业产权制度的研究来看，现有的研究一般都集中在以下几个方面：一是林权制度改革的动因问题；二是林权制度改革及相关政策实施的绩效评价；三是林改对农民收入以及经营投入等行为的影响；四是林改各项政策实施中存在的问题的研究。

2.2.2.1 产权制度对森林资源影响的相关研究

近年来，随着林改的不断深入，学术界对于林改以后的生态问题也逐渐开始关注。我国的林权制度存在一定的缺陷，由于对森林资源权属和农民的产权保护不足，使森林资源的配置低效（程云行，2004）。我国以往的林业产权制度改革多属于强制性制度变迁，由于缺乏对林权特殊性的考虑，历次的林改缺乏相应的配套措施和保障机制，林业政策的反复，导致林业资源遭到破坏（柯水发，2004）。沈晓梅等（2004）在林业产权改革的制度效率研究中提出，森林资源的利用具有两种效用特征：生态效益和经济效益。因此单纯的产权私有化的改革难以解决这两种效益的共同实现。我国林业产权的配置难以适应社会经济和森林可持续经营的要求是我国林权存在的主要问题（徐秀英，2005）。

许多学者认为我国20世纪80年代林业"三定"时期的林业产权制度改革过程中，由于配套政策和资源管理未能跟上，导致了大量的乱砍滥伐（徐秀英，2006；彭泽源，2001）。刘璨（2013）认为林业三定的制度设计存在一定问题，加之配套措施不完善，导致了"三定"以后南方集体林区林分林龄结构呈现出幼龄化态势，使森林资源造成了严重损失。

2.2.2.2 新一轮集体林权制度改革的生态效益问题

自2003年实施新一轮集体林改革试点以来，逐步引起了社会各界的极大关注，主要包括经济学、社会学和法学界等。贺东航（2010）总结了研究的主要内容，认为研究主要涉及林改的动因、政策实施与绩效评价、后续配套政策及进一步完善改革的对策研究等方面。由于森林具有经济和生态双重价值，因此，森林资源经营会对两种效益都产生影响，集体林权制度改革带来的变化并不仅仅体现在林农收入的提高和林业产业的发展上，同时也体现在森林资源和森林生态系统的变化上。随着林改的不断深化，尤其是十八大生态文明建设的逐步推进，林权制度改革以后森林资源质量、森林资源经营等诸多问题日益显现，从而使集体林权制度改革中的生态保护与森林生态系统稳定可持续发展等问题备受关注。

此次集体林权制度改革的两大目标是"林农得实惠、生态得保障"。但现有的实证研究主要集中在林改对于农民收入的影响，或对林权制度改革的经济效益进行了综合评价。虽然近年来学术界也逐渐开始研究林改的生态影响，但与评价改革的经济效益相比，仍然处于刚刚起步阶段，对集体林权制度改革的生态影响研究也多为定性分析，仅有少量学者对其进行了量化的分析和评价。通过已有的研究可以看出，对于林权制度改革产生的生态效益，研究的结果主要分为促进森林生态效益提升及对森林生态效益发挥的负面影响两方面。

（1）林权制度改革提升森林生态效益

一些学者认为，在林改后，农民从事林业经营更为积极，会使得造林增加、森林经营水平提升，充分发挥森林的生态效益。邢美华（2009）在研究林权制度改革下林业资源利用的结果中表明，通过对福建省建瓯市的实证调研得出建瓯市林改以后森林生态效益有所提高。他认为，林权制度改革政策的实施充分调动了林农造林的积极性，使林区内有林地面积增加，林分质量提高，从而促使森林生态效益提高。吕杰等（2010）认为集体林权制度改革在生态效益方面的成效，主要体现在森林资源的保护和森林资源培育、抚育两个方面，使森林资源得到增长。韩秋波（2010）通过对福建省林改的实证研究发现，在林改后造林面积增加中，个体私营造林面积上升显著；林农管林护林积极性的增强，促进了森林资源的保护和增长。林斌（2010）在研究福建省邵武市林权改革绩效的成果中指出，集体林产权改革后，森林覆盖率、林木蓄积量、有林地面积等都取得了不同程度的提高，且盗砍滥伐林木案件不断减少，病虫害灾害得到有效控制，使得森林生态效益得到充分发挥，逐步实现了集体林产权改革，提高了森林资源总量与质量的目标。

（2）集体林权制度改革对生态的不利影响

林权制度改革对生态的有利影响，大多是通过林权制度改革的生态绩效的评价来说明的。但根据现有的研究，另一些学者则认为森林资源和生态效益在林改以后没有发生十分明显的变化，甚至有学者认为林改以后对森林资源有一些负面影响。集体林权制度改革后，以家庭为主的林业经营模式下的集体森林资源经营质量面临着新的问题：不同林农从自身条件出发，对于分林到户之后的林地经营意愿存在较大差异，部分农户愿意自己从事经营，部分农户则不愿意从事经营。但不愿意经营的部分林农也不愿意将经营权转让，导致了采伐以后的迹地更新难以按时完成，在实现中，林改以后由于不愿意经营也不愿意转让的情况，出现了抛荒现象。在一定程度上，由于农户分散的特点，导致农户对于有林地经营的决策很难完全一致。不同的经营方式和要素投入，使林地规模经营和高质量林地形成的难度加大，整体林业经营水平下降（孔凡斌，2008）。基于福建、江西等 8 个集体林权制度改革省的实地调研数据，刘小强、王立群（2010）等分析了集体林权制度改革对森林面积和森林蓄积量的影响。

研究发现林改对于森林面积和森林蓄积的增加并不显著，长期效益不明显。虽然不能用数据直接证明林改对森林资源造成一定破坏，但应重视采伐和造林，以保证森林资源健康经营。王雨林等（2010）在对四川省林权改革进行评价时发现，林改虽然提高了林农从事林业经营的积极性，但是不管林农从事用材林经营、经济林经营、还是发展林下经济，这一系列的经营活动必将在一定程度中使天然林林种结构受到干预，极有可能为了追求经济利益，导致林种结构单一，森林生态效益受损。经验证明，树种单调的人工林群落的抗灾抗逆性低于天然林，林改后如何协调农民增收与生态安全的关系，值得探讨。

虽然集体林权制度改革在明晰资源使用边界，赋予基层自主管理权利方面迈出了重要的一步。但是，它在解决社会—生态系统复杂性上还存在一定的缺陷：一是林改促使社会—生态系统之间的关系简化，从而导致人类行动对森林干涉的间接效果在一定程度上被忽视。二是林改的高间断性，使森林资源原有的延续性和稳定性在一定程度上被破坏了。三是林改的生产导向性，使得森林资源治理困难，呈现破碎化，不同森林子系统的有机关联性在一定程度上被隔离了。四是林改并没有充分反映出森林的生态服务和环境价值，森林的环境效益没有得到充分发挥（蔡晶晶，2011）。

2.2.3 小结

通过国内外对林权制度改革以及健康森林生态系统的研究可以看出，国外在森林健康可持续发展问题上十分重视，同时将明晰产权以及林业产权的私有化问题与森林可持续发展密切联系在一起。国外在森林产权问题上，研究的重点之一在于公有化和私有化的问题。同时，国外的很多研究表明，在森林权属清晰的前提下，森林资源会得到有效利用和合理保护，真正实现森林的健康、可持续发展。国外对森林产权制度的大量研究表明，森林产权制度安排会影响林业经营活动中人们的经济行为，对人们造林、护林以及合理利用森林资源产生了深远影响。

在国内的研究中，对于集体林权制度改革，主要集中在对产权问题、林改对农民收入、农民经营行为以及政策绩效评价的研究上。虽然近几年来一些学者开始关注和研究林改以后的生态问题、林改对生态的影响等问题，但很少有学者对其进行实证分析，或者实证分析中也是以农户的主观判断为依据。

综合近年来相关研究情况来看，人们已经开始认识到林改对于森林生态系统有一些负面影响。虽然一些研究已经涉及到林改后会对森林生态系统造成影响的问题，但研究中都只是浅尝辄止，并没有进一步深入对林改后森林生态系统的影响因素进行分析和测度。而找出这些影响因素并对其进行测度恰恰是解决这一问题的关键，是为政府进一步深化林权制度改革制定政策的重要依据。

2.3　文献评述

从研究理论和方法等方面，已有大量国内外学者对集体林权制度改革以及森林生态系统问题进行了较为系统的实证性研究，并取得了一定成果，这些均为本研究提供了可资借鉴的研究基础。同时，制度经济学、资源经济学以及生态学等相关理论均为本研究的开展提供了充分的理论支撑。从研究内容而言，本书在集体林权制度改革背景下，将系统分析这一制度对森林生态系统的影响，其中对于影响的测度这一问题具有很强的理论和实践意义。综合而言，现有研究具有以下特点与不足。

第一，在理论层面，相关理论基础较为坚实。首先，我国集体林权制度改革是一项以产权制度为核心的重大制度变迁。对制度改革进行研究必须是基于制度经济学中的产权理论、制度变迁理论和交易成本等理论。其次，森林资源作为一种自然资源，其具有外部性，因此以森林生态系统为研究对象又涉及到资源经济学的外部性等相关理论。此外，林改以后的森林资源和森林生态系统的变化和影响结果，是通过森林生态系统的变化特征来体现的。因此，研究林权制度改革对森林生态系统的影响，又需要有一定的生态学相关理论支撑，为本研究提供较为客观和科学的依据。

第二，在实证研究层面，研究林改对森林生态系统影响的文献很少。尽管一些文章已经提出了林改以后森林资源质量、森林生态系统乃至生态环境都受到了一定的影响，但绝大部分研究都只是停留在定性的分析上，少有学者对其影响进行定量研究。同时，国内外众多学者在研究对森林生态系统、生态环境保护问题的评价属于自然科学领域的研究较多，很少有学者基于经济学和管理学角度，分析人类生产经营行为对生态系统保护的影响。

第三，在研究方法层面。国内外对于林权制度改革进行绩效评价，或者对森林生态系统服务功能进行评价的研究中，大量使用了多指标综合评价法。在综合指标评价过程中构建指标体系以及确定指标权重时都有很大的主观性，各研究所采用的指标体系不同，没有统一、标准的指标体系。在林权制度改革对森林生态系统经营影响的研究中，定性分析较多，缺少相应的定量分析。鉴于本研究的重点问题在于研究制度改革背景下，森林生态系统经营在哪些方面受到影响，怎样来测度这些影响的正负性以及影响程度的大小，主要借鉴前人的综合评价法进行具体的测度，同时也可以采取不同的方法对不同利益群体进行测度和评价。

总之，尽管目前国内外研究存在很多不足，但国内外研究也为本研究提供了一定的基础。尤其是目前国内外对于林权制度以及森林生态系统经营问题已经有了很多研究成果，为本研究深入研究林改对森林生态系统的影响有着一定的借鉴意义。鉴于此，本研究将在制度经济学、资源经济学和可持续发展等理论基础上，在集体林权制度改革的大背景下，研究林改以后改革主体生产行为的变化，从而进一步研究行为变化对改革客体造成的影响，对这些影响因素进行定量的测度，科学地分析和研究林改对森林生态系统的影响，并做出评价。如何建立一个统一的分析范式，来考量林改背景下制度的变化对森林生态系统影响的问题，不仅需要定量和定性方法的结合运用，也需要规范和实证方法的结合运用。为此，本研究从研究视角的选择而言，具有一定的创新型；从研究方法的确定而言，存在一定的挑战性。

3 福建省三明市林权制度改革历程及推进情况

本研究选取了福建省三明市这一典型南方集体林区作为研究区域，对该区域进行实证分析。基于实践，对福建三明林权制度改革的实际做法进行分析，考察当地林改推进过程中，以产权明晰为主的林业政策如何进行具体的制定和实施，尤其是林改以后森林资源经营、生态保护与生态建设等政策的实施情况。为下面分析三明市林业产权制度改革对森林生态系统的影响提供研究的现实基础。

3.1 福建省三明市自然社会经济发展概况

3.1.1 三明市概况

三明市地处福建省西北部，辖区面积2.29万平方公里，总人口268万，其中农业人口199万。三明市行政建置历史比较特殊，从区域来说，是传统的农业区，行政建置历史悠久，最早建县的是将乐县，公元260年置县，至今已有1740多年的历史，而三明市区行政建置的历史却很短，民国时期才设置三元县，1956年由三元县与明溪县合并成立三明县。1958年开始工业建设，1960年设立省辖三明市，成为新兴工业城市。1963年成立三明地区行署，1983年地、市合并设立省辖三明市，实行市带县体制。全市现辖1市（永安市），2区（梅列区、三元区），9县（沙县、尤溪县、大田县、将乐县、泰宁县、建宁县、宁化县、清流县、明溪县），有141个乡镇、13个街道，1933个行政村（居委会）。

3.1.2 社会经济发展特征

2013 年三明市 GDP 为 1489.2 亿元，同比增长了 11.3%；公共财政总收入 136.9 亿元；城镇居民人均可支配收入 25650 元，农民人均纯收入 10546 元；居民消费价格总水平上涨 2.4%①。三明市属于典型的集体林区，因此林业资源的利用、林业产业和林业经济的发展，对于当地社会经济发展水平有着重要的作用。三明市农村人均收入与城镇居民人均收入差距较大，林改涉及到当地的众多农户，对提高三明市农民收入也有着重大意义。

林业在三明市社会经济发展中占据着重要的地位。集体林权制度改革也对三明市社会经营发展带来了一定的影响。截止到 2012 年年底，三明市集体林权制度改革涉及到农户 45.42 万户，涉及人口 179.08 万人。据当地林业部门调查，林改以后的林区农民人均纯收入比 2003 年以前增长两倍多。三明市各区县社会经济发展与林改有关的情况统计如表 3-1 所示。

三明市社会经济发展快速，自"七五"以来，各个时期地区生产总值年均增长速度达到 11.54%。如图 3-1 所示，"七五"时期到"十五"时期，地区生产总值持续增加，在"十一五"时期发展最为显著。从地区三次产业产值来看，在"七五""八五"和"十一五"时期，第二产业产值占地区生产总值的比重最大，而"九五"和"十一五"时期，第三产业产值占地区生产总值的比重最大。相对来看，第一产业产值增长幅度最小，第二产业发展最为迅速。

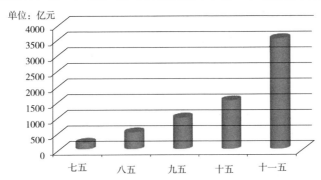

图 3-1 三明市各个计划时期地区生产总值

Fig. 3-1 Regional GDP of Sanming City in each plan period

---

① 数据来源：《三明市 2014 年政府工作报告》。

表3-1　三明市各区县经济发展基本情况

Tab. 3-1　Basic situation of the economic development in each county, Sanming City

		梅列	三元	明溪	清流	宁化	大田	尤溪	沙县	将乐	泰宁	建宁	永安
GDP	亿元	195.93	96.35	44.69	60.92	80.86	123.23	139.28	145.81	77.55	64.05	59.75	246.42
林业产值	亿元	1.04	3.55	4.96	4.58	8.21	6.11	17	10.29	7.16	5.77	5.21	10.9
常住总户数	万户	4.56	4.63	3.42	4.25	9.04	10.02	11.56	7.59	4.65	3.73	4.09	9.59
林改涉及农户数	万户	0.47	1.35	2.23	2.3	5.7	7.23	9.1	5.11	3.14	1.74	2.89	4.16
林改涉及人口数	万人	1.42	4.33	7.1	12	23.58	28.92	36.4	17.12	12.57	8.77	12.09	14.74
林改县农民人均年收入	元	6768	6459	5700	4560	8000	6356	6000	10000	5600	4000	5755	10028
人均林业收入	元	2852	2255	1000	480	3000	1675	1400	3098	760	1500	781	5215

数据来源：三明市统计年鉴及实地调研所得。

3.2　三明市森林资源情况及特点

三明林业建设条件得天独厚，整个区域处在中亚热带，位于武夷山脉，气候温暖湿润，林木资源丰富，林业优势十分明显。三明是一个典型的南方山区。全市土地总面积 3445 万亩，其中林地面积 2842 万亩、耕地面积 232 万亩、水域和其它面积 371 万亩。自然概貌大致为"八山一水一分田"，素有"绿色宝库"之称。三明是福建的重点林区。全市现有森林面积 2645.5 万亩，活立木蓄积量达到了 1.15 亿立方米，森林覆盖率为 76.8%。

3.2.1　三明市森林资源特点

从三明市森林资源特征来看，首先，森林资源十分丰富，有林地面积占林地总面积的 91.80%。从林种结构来看，三明市的林地主要以用材林为主，占所有林地的 55.67%，竹林占 14.36%，而经济林、防护林、特用林、薪炭林分别占林地面积的 6.15%、19.30%、4.49%、0.03%。

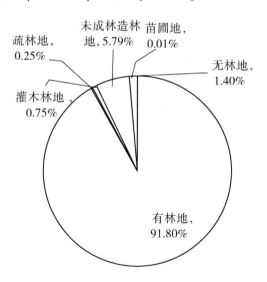

图 3 - 2　三明市各类林地面积比例

Fig. 3 - 2　All kinds of forest land area ratio

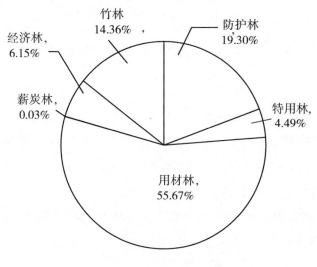

图 3 – 3   三明市林种结构

Fig. 3 – 3   **Forest category**

近年来三明市森林资源保护成效明显。"十一五"期间，森林资源的保护管理得到进一步加强：①全市经调整界定生态公益林为 730.3 万亩、占林地总面积的 25.63%。②累计建立国家级自然保护区 4 个、省级 7 个，自然保护小区 1063 个，国家森林公园 6 个、省级 14 个，是全国全省最密集的地区之一，"绿色三明"已经成为"三明十大名片"之一。③森林"三防"工作成效明显。特别是 2010 年全市共发生森林火灾 27 起、受害面积 4689 亩；发生森林病虫害 47.4 万亩、成灾率 0.8‰、防治率 100%，松材线虫病疫情无扩散蔓延，完成省政府下达的 2008—2010 年疫情目标责任；森林公安共查破案件 3279 起、收缴木材 1.48 万立方米、挽回损失 1877.6 万元，有力地维护了林区的安全稳定。

3.2.2   三明市集体林资源经营特点

三明市作为我国南方的集体林改试验区，集体林占有相当大比重。在全市林地中，80%以上的山林产权属于乡村集体和个人所有，林农是林业改革与发展的主体。只有主体的积极性得到充分调动和发挥，三明市林业经济才能充满生机活力，林业发展才会有真正的希望。三明市各区县的森林资源及集体林资源情况如表 3 – 2 所示。

表3-2 三明市各区县森林资源现状

Tab. 3-2 The forest resource of each county in Sanming City

单位	土地面积 平方公里	林地面积 万公顷	用材林面积 万公顷	竹林 万公顷	林木蓄积 万立方米	用材林蓄积 万立方米	毛竹蓄积 万立方米	集体经营公益林面积 万公顷
三元	660.33	5.48	2.27	2.09	489.52	352.69	41.21	0.98
梅列	285.64	2.35	1.06	0.54	239.51	172.65	9.59	0.54
尤溪	3079.94	24.72	11.87	2.97	1479.49	943.10	53.21	6.05
沙县	1535.82	12.27	5.64	2.83	855.25	570.59	6066.37	2.28
清流	1517.98	12.67	7.38	0.66	893.48	594.69	12.76	3.41
明溪	1663.06	14.09	8.06	0.90	1265.25	781.65	1122.85	4.10
宁化	2159.55	16.39	7.31	2.12	882.95	502.52	44.85	4.86
将乐	1845.30	15.54	7.35	2.93	1404.01	895.72	65.15	4.71
大田	2068.62	15.82	8.19	0.65	862.63	647.77	13.08	4.13
永安	2772.03	24.07	12.15	5.13	2088.56	1326.01	10665.40	4.22
泰宁	1233.47	9.73	4.61	1.47	679.39	434.94	22.51	2.98
建宁	1550.66	12.65	4.10	1.67	755.05	391.61	4063.76	4.06

资料来源：三明市人民政府网站，区县林业局网站，2013年三明市区县林业统计年鉴以及实地调研。

3.3 福建省三明市林业改革进程及现状

我国改革开放以来，林业产权制度改革经历了历次探索，总体呈现出了"分—统—分"的特点。从过去30多年的林业改革中发现，每一次改革由于配套措施和保障制度的不完善，都出现过一些乱砍滥伐、规模种植单一树种、大量使用农药化肥等现象，对生态环境造成了诸多的负面影响。从我国林权制度改革历程来看，可以分为三次大的改革。实际上中国的集体林产权制度改革始于1981年，第一次林改是20世纪80年代初期的"林业三定"，源自1981年《关于保护森林发展林业若干问题的决定》。第二次林业产权制度改革是20世纪90年代以后进行的荒山荒地造林，形成了颇有规模的大户林。第三次集体林产权制度改革就是自2003年开始的新一轮改革。从三次改革的历程来看，林业产权制度改革走的是从均分到集中、再到均分的循环过程。

在我国林业产权制度改革过程中，三明市在林业改革的推进方面一直走在全国前列。1988年4月，福建省三明市被列入全国农村改革试验区。实际上，早在列为试验区之前，三明市已经开始了林业产权方面的改革探索。多年来，三明市一直围绕着集体林区发展的实际需求，进行林业产权制度方面的改革。在不同时期推出了不同的改革方式进行探索。从"三定林业"时期到林业股份合作，再到新一轮集体林权制度改革，三明市二十多年的探索过程中，取得了诸多成果。三明市的整个林业改革历程与我国林业历次改革基本同步，并在全国改革的基础上进行了创新的改革探索，形成了具有鲜明特色的"三明模式"。2003年我国集体林权制度改革开始以后，三明市也成为了全国各地推行林改的排头兵，起到了非常重要的示范作用。本研究是在福建三明林权制度改革背景下研究改革以后对林农经营的影响，因此有必要对三明市林改改革历程进行回顾和梳理，为本研究提供一个现实基础。从全国的林业产权制度改革和三明市林权制度改革的总体历程来看，整体比较一致，如图3-4所示。

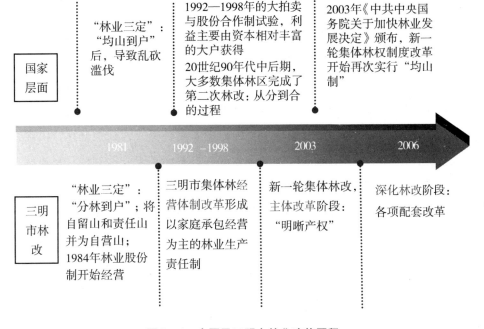

图 3-4 全国及三明市林业改革历程

Fig. 3-4 Forestry reform process of the Nation and Sanming City

3.3.1 三明市林业改革的推进过程

回顾三明市林业改革的推进过程,与我国林业产权制度改革的进程大致相同,但更具探索性的特点。三明市在林业改革方面也经历了很多个阶段,每个阶段的探索性改革都有一定的贡献。本研究主要研究的是 2003 年以后新一轮集体林权制度改革及其相关问题,因此在梳理三明市林业改革的推进过程时,将改革的历程分为两大阶段:第一阶段为探索阶段,包括新一轮集体林权制度改革之前的多次林业改革;第二阶段是 2003 年开始的新一轮集体林权制度改革及深化改革的阶段。

3.3.1.1 三明市集体林权制度改革的前期探索阶段

三明市作为典型的南方集体林区,从 20 世纪 80 年代的"林业三定"开始,就在逐步探索林业改革模式,尤其是 1988 年被列入农村改革试验区以后,林业作为改革的一项重要内容,三明市也在各个方面进行了探索性改革,为新一轮集体林权制度改革提供了很多可借鉴的经验。

（1）1981年"林业三定"

在20世纪80年代初期，《关于保护森林、发展林业若干问题的决定》对保护森林发展林业的方针、政策做出明确规定，在此基础上提出了对当前林业进行调整并明确了今后林业发展的战略任务。"林业三定"是指稳定山林权属、划定自留山、确定林业生产责任制。"林业三定"巩固和确认了农村山林的集体所有性质，但在集体林业的经营管理上全国出现了多种模式，其中分林分山到户是为主流，结果导致了一场全国性的乱砍滥伐，教训是十分深刻的。福建省于1981年7月1日颁布了《关于稳定山权林权若干具体政策的规定》。在政策引导和规范作用下，福建省大部分地区采取了两种主要做法：一种做法是"分林到户"；第二种做法是在原来的自留山和责任山的基础上采用合并的方式，将二者并为自营山。

（2）1984年的林业股东会

在"林业三定"之后，基于特殊的历史背景，三明市并没有简单地采取分林到户的办法，而是结合自身实际，对集体山林采取"分股不分山、分利不分林"的形式，在村里组建村林业股东会，并率先进行林业的股份合作制改革，取得了较好成效，开创了集体林经营管理的新思路，对集体林区发展做出了重要贡献，曾被列为《中国农民的伟大实践》的典型之一，在全国推广应用。

（3）1999年的集体林经营体制改革

"林业三定"、林业股东会等时期的改革都取得了一定的成效，但由于后续的保障政策不足，在森林资源经营的诸多方面都产生了一系列问题。为了解决20世纪80年代林业股东会出现的不适应性，三明市于1999至2001年开展了集体林经营体制改革，全面落实以家庭承包经营为主的林业生产责任制。对2364.9万亩集体林地进行了改革，通过改革，突破了林业股东会、特别是分林分山到户的禁区，毛竹、茶果等经济林的经营管理问题得到了较好的解决，这一实践探索为后来的集体林权制度改革打下坚实的基础。

3.3.1.2　三明市新一轮集体林权制度改革阶段

福建省是我国集体林权制度改革最先开始的省份之一，三明市于2003年5月开始启动新一轮林改。2004年4月福建三明被列为全国集体林区改革试点。从2003年开始三明市全面推进以"产权明晰"为主要任务的主体改革，截至

2005 年年底，率先完成主体改革任务。三明市从 2006 年开始了巩固和深化改革工作，积极推进各项林改的配套政策，包括林权流转、抵押贷款、生态公益林补偿、森林保险、林业合作组织等。

三明市新一轮集体林权制度改革可以细分为两个时期：一是主体改革时期（2003—2005），在这一时期主要开展了明晰产权、明确经营主体的工作；二是深化改革时期（2006 年以后），这一阶段的主要任务是在明晰产权的基础上，制定、完善和全面推行以产权为核心的各项配套政策和制度。

（1）林权制度改革的主体改革阶段（2003—2005）

三明市集体林权制度改革的主体改革阶段，其核心任务是在保持林地集体所有的基础上，通过"均山、均权、均利"等方式，将林地使用权、林木所有权和使用权落实到各家各户或各种类型的经营主体，即"明晰产权"。该阶段确立集体林区农民经营主体的法律地位。

第一阶段的林权制度改革取得了显著地成效，全市应明晰产权的集体商品林面积为 1689.2 万亩，主体改革后 1596.2 万亩集体商品林产权明晰，明晰率达到 94.5%。其中家庭承包面积 1135.1 万亩，占已明晰产权面积的 71.1%；其他承包方式面积 357.0 万亩，占已明晰产权面积的 22.4%；村集体统一经营林地面积 104.2 万亩，占已明晰产权面积的 6.5%。由此可见，在新一轮集体林权制度改革中，三明市采取多种承包经营方式明晰集体林产权，村民小组、自然村和联合体都得到了相当部分的产权。

（2）深化改革阶段（2006 至今）

在集体林权制度改革的主体改革完成之后，为了巩固改革成果，保障林改产权明晰以后能够真正实现盘活森林资源、实现林改兴林富民的目标，三明市从 2006 年开始全面推行了林改的各项配套改革措施，主要包括林地林木流转（交易市场建立、评估机构的成立等）、林权抵押贷款、森林保险、林业合作社、规模化经营等。在深化改革过程中，在许多领域都取得了创新突破，力图调动广大林农造林育林护林的积极性，带来林业乃至农村经济社会的一系列深刻变化，从而促进了社会主义新农村建设。

3.3.2 三明市林改后森林资源经营政策及问题分析

林改后，三明市政府针对森林资源经营管理开展了大量工作。首先是在林政资源管理方面，由于集体林经营从原来的集体经营转变为林农经营，林农成为林业真正的主人，造林积极性大大增加。其次是在营林生产中，通过集体林产权制度改革，做到"山有其主、主有其责、责有其利"，广大林农看到了林地的价值所在，并随着政府《育林基金征收使用管理办法》的实施，造林补贴等各项优惠政策的颁布，出现了争山造林的景象。在为林农提供优质的技术服务，做好造林设计，提供良种壮苗服务的基础上同时加强管理，实行预交造林押金制度，防止有些林农以造林为借口强占林地，在造林成果验收中严格按有关规程执行，确保造林一片，成活一片。但以家庭为单位的分散的林业经营形式显然不适应现代化林业的发展需要，同时由于分林到户导致的经营分散化，一家一户的林业生产规模较小且效率低，难以适应林业高度发达的精细化经营和专业化分工。因此，在"分林到户"的基础上如何进行整合是林业经营发展的必然趋势。

3.3.2.1 林权流转政策及问题

为了充分认识加强集体林权流转管理工作的重要性，加强集体林权流转管理的指导思想和基本原则，国家林业局制定了《关于切实加强集体林权流转管理工作的意见》，但仍有部分地方林改政策落实不够到位，对林地、林木资源是山区林农重要的生产资料认识不足。改革后森林资源流转过于频繁，且未按流转程序和要求进行操作，造成林农新的失山失地。

3.3.2.2 林业合作组织发展及问题

林业合作组织坚持以家庭承包经营为基础，遵循"民办、民管、民受益"，因地制宜，按股份合作分配，市场运作和政府引导相结合、依法保护的原则。为扶持林业合作经济组织，三明市林业局制定了《关于推进林业合作经济组织建设的实施意见》，但由于配套改革进展缓慢，有的改革项目研究探讨不够，尚未成熟就仓促推进，效果不是很好，甚至产生新的问题。在林业合作经济组织建设中，各地认识不一，工作重视不够，出现"缺位"现象，扶持发展积极性不高。少数农民担心加入合作组织是"重新入社"，心存疑虑，主动性也不高。有些合作组织成员在经营管理、利益分配上难以达成共识。且在林改以后，林业合作组织的成立往往是大户或者经营能力较强的主体发起，而真正分散的普通农户很少自发形成合作社（孔祥智，2008）。

3.3.2.3 限额采伐政策及存在的问题

为更科学、透明、合理、有序地分配林木采伐指标，规范林木采伐指标的分配基础、分配方式、采伐类型、指标管理和监督等问题，建立更为科学合理的采伐管理新机制，缓解采伐指标分配的矛盾，三明市政府颁布了《关于规范林木采伐计划分配和使用管理的意见》。但如何把林改激发出来的造林育林积极性持续高涨地保持下去，让老百姓从林业生产经营中实现持续增收，其中的关键是落实商品林的采伐处置权和经营收益权。积极做好永安、沙县、泰宁等3个县（市）商品林采伐管理创新试点工作，探索按面积控制采伐的新办法，逐步探索出一条放宽放活商品林经营管理的新路子，推动走积极保护、大力发展、科学经营、持续利用的森林经营之路，促进林业良性发展。认真开展森林经营方案编制实施、商品林低产林分经营改造、天然商品林经营利用等试点工作，在保证森林覆盖率不下降、采伐迹地及时更新的前提下，扎实有序地开展工作，让林农群众知道自己经营的林木何时可以采伐、可以采伐多少，实现林木处置权落实到位。

上述问题都是林权制度改革过程中存在的重要问题，这些问题如何解决将决定林权改革的效果。而这些问题最终都可以归结到对森林资源经营的问题上来。林改以后对森林资源的经营是否朝着健康的方向发展，能否保障森林生态系统稳定可持续地发挥效益，这是在今后深化集体林权制度改革中应该重点关注和解决的问题。

3.3.2.4 转变采伐方式的政策

根据《福建省林业厅关于转变林木采伐方式促进森林可持续经营的通知》《福建省林业厅关于推进林木采伐方式由皆伐向择伐转变有关问题的通知》和《福建省林业厅关于印发福建省用材林主伐皆伐改择伐主要技术规定（试行）的通知》文件精神，各县（市、区）林业局根据本地实际，相应制定了一些措施和办法，主要有以下三方面内容：一是控制皆伐面积限额。各县（市、区）林业局将每年省厅及市林业局下达分解的皆伐面积限额进行认真测算，分解落实到各个经营单位，并预留足够的数量用于工程建设项目征占用林地及病虫害除治等而进行的皆伐。二是优先安排主伐择伐指标。加大宣传，鼓励业主进行主伐择伐，并开辟绿色通道，优先安排择伐指标，优先安排伐区规划设计，优先给予审批。三是鼓励经营面积较大的个私企业或采育场、林场等经营单位实行择伐作业，以起到带头示范的作用。大田县按照省厅文件精神和技术规定，结合本地实际，制定了大田县用材林主伐择伐各树种培育目标和最低保留株数标准，加大宣传力度，出台鼓励政策，如实行主伐择伐的业主配给择伐面积20%的皆伐面积，并召开主伐择伐的现场会，选择具有代表性的3个择伐现场点，组织各乡镇林业站工作人员、采育场、国有林场以及个私企业的业主前来参观，取到了一定的示范效果。四是做好主伐择伐技术指导和服务工作。

三明市2011年主伐皆伐改择伐实施面积47471亩，其中，尤溪县20744亩，大田县8841亩，将乐县8706亩，沙县3741亩，永安市3334亩。2012年7月20日前主伐皆伐改择伐实施面积19212亩，其中，尤溪县7936亩，大田县3480亩，将乐县3433亩，沙县1598亩，明溪县1413亩。

转变采伐方式存在的困难和问题。一是生产成本提高。与皆伐相比，择伐主要增加了以下几项成本：伐区设计成本提高。伐区调查设计阶段工作量的增加，必然导致设计费的增加，如采伐木或保留木的标记、为控制设计精度，必须全林分每木检尺等；人力成本提高。由于择伐伐区开设的集材道是板车道，采伐木伐倒耗时耗工、集材困难等原因，导致采伐实施阶段工作量增加，人力成本提高；监管费用增加。为了使采伐不违规操作，需加派伐区监管员进行全程监督，同时采伐后还要对剩余的林木进行监管以防盗砍盗伐。二是对业主的影响。主伐皆伐改择伐技术规定较细且复杂，在实施采伐作业时，业主难以控制采伐强度、保留株数和郁闭度等伐后质量；还有部分林地承包经营已到期的，择伐后若继续经营，将要继续缴纳林地使用费，业主担心这部分的林木利润无法实现，甚至亏本；林业政策变化快，业主都处于观望期，期待政策放松对采伐方式的限制。三是对基层管理造成压力。技术规定的繁杂，如伐后保留木平均胸径不小于伐前平均胸径、全林分每木检尺及采伐木标记等，导致伐区调查设计实际操作中工作量加大，难以把握精度。同时林区便道、集材道的开通，易发生盗砍盗伐，不利于山场的管护和林区稳定，基层管理人员监管责任加大。四是导致林分质量下降。由于三明市属多山丘陵地带，择伐作业本身就受到自然条件的限制，而且目前择伐技术尚不成熟，择伐后易出现残次林，林分质量和蓄积量下降，反而不利于林业的可持续发展。五是补助标准较低。目前主伐皆伐改择伐的山场每亩补助标准为 70 元，补助标准较低，林农的积极性不高。六是许多山场达不到主伐择伐的条件。早期经过 1—2 次抚育间伐的山场现有株数、郁闭度等因子达不到实施主伐择伐的技术规定，虽然年龄已达到，但还是无法实施主伐择伐。

4 制度变化对森林生态系统的影响机制

　　森林资源经营是以森林和森林生态系统为对象，森林资源经营必然对其产生各种有利或不利的影响。集体林权制度改革以后，制度的变化所带来的人林关系的变化，必然会通过具体的经营行为变化作用于森林生态系统。而对森林生态系统作用的结果是评价改革的重要标准，因此提升森林生态系统质量也是改革的重要目标。改革以后这一系列制度的变化是否能够为森林生态系统经营提供有效的保障，直接关系到林改以后集体林区森林资源经营管理水平和森林生态系统可持续稳定发展。

　　本章从制度原理的视角出发，分析林改后制度发生的变化、制度变化带来的林农经营行为的变化，以及森林资源经营主体行为对森林生态系统的影响。研究的重点是探讨制度变革后森林资源经营行为对森林生态系统的影响机制问题，为后续的实证分析提供一个科学的理论基础。具体而言，首先从所有权制度、使用权制度、管理权制度、利益调整制度的视角来分析林改以后以产权为核心的一系列制度发生了哪些具体的变化。同时，在这些制度变化的基础上，从经营内容、经营形式、经营规模、经营管理四个方面探讨林改后森林资源经营行为的变化。在分析制度变化所带来的行为变化的基础上，探讨这些森林经营方面的变化可能对生态系统产生哪些影响（图 4 - 1）。

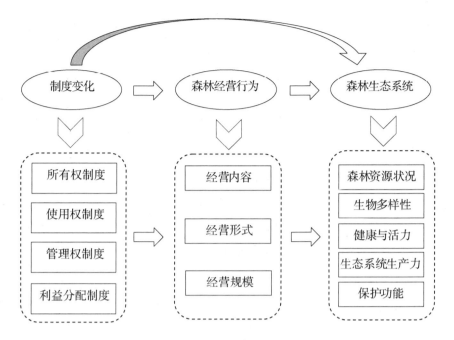

图 4 – 1　林改对森林生态系统影响研究的总体思路

Fig. 4 – 1　The overall plan of studying the influence on forest ecosystem

4.1　制度改革下林农经营对森林生态系统的影响机制

4.1.1　林改后林农经营与森林生态系统的关系

林权制度改革与森林生态系统的演进从理论上看是统一和对立的关系。从二者的统一关系来看，一方面，森林生态系统是林业经营的基础，生态系统的演进有其自身的规律，任何外部的干扰都会影响森林资源及森林生态系统的演进。一般地，合理的行为干扰会促进森林生态系统的演进过程，而不合理的干扰则会导致系统演进的退化甚至逆转。森林资源经营的目标是在利用森林资源的基础上，保证森林生态系统的稳定性和协调演进过程。因此科学地经营森林生态系统对其演进具有一定的促进作用。另一方面，林权制度改革为了实现其两大目标："林农得实惠、生态受保护"，其改革对森林生态系统产生的外部干扰应该是科学合理地对森林生态系统进行利用和保护。因此，从理论上看，林权制度改革与森林生态系统的演进应该是相互促进的关系。

然而在现实改革过程中，林改以后的外部干扰并不一定是符合森林生态系统演进的自身规律的，因此就会使林改与森林生态系统演进存在现实的对立关系，即二者之间存在一定的矛盾与冲突。林改与森林生态系统演进的对立关系，是通过具体的森林资源经营行为来产生相互作用的。一方面，林改以后，森林资源经营的主体是林农，林权制度改革使林农具有更多的权利对自己的林地进行自主经营。按照理性经济人的理论及市场经济的原理，农户的森林资源经营行为是以自身收益最大化为目标的。另一方面，森林生态系统是一个完整的、以自然演进为基础的复杂系统，森林生态系统质量的提升及其可持续稳定的演进过程恰恰是与以市场为基础的资源利用和资源配置相矛盾的。因此可以看出，森林生态系统的演进是追求林种结构、林分构成等方面的稳定以及生物多样性等生态系统稳定性的实现，而从林改主体来看，林农追求的是森林资源的边际回报。这样就会使林权制度改革和森林生态系统之间存在一定的矛盾和冲突。如图4-2所示。

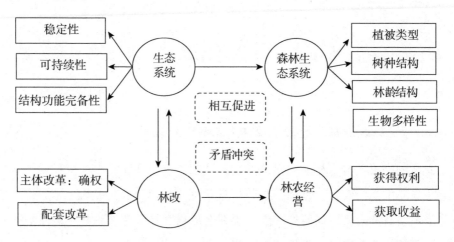

图 4-2　林改与森林生态系统的关系

Fig. 4-2　The relationship between forest right system and forest ecosystem

林改作为一项重大的制度变革，从主体改革到各项配套政策和措施，都应该以协调制度改革与森林生态系统演进之间的相互促进关系为目标。因此在改革过程中，一方面要保护农民的利益，另一方面也要考虑森林生态系统本身的安全和演进，从而有效发挥二者的相互促进作用。因此，本章从理论层面对林权制度改革、对森林生态系统的影响进行分析和探讨，能够为本研究的实证分析提供理论依据。

4.1.2 对森林生态系统影响的判断标准

森林经营的生态目标是保证森林生态系统健康、可持续发展。本研究在对森林生态系统进行影响判断时，正是基于森林可持续经营理论，以林改以后森林可持续经营作为目标来进行研究的。对于森林可持续经营而言，其根本目标是要提高森林资源质量，进而改善森林生态系统的功能。这些功能的外部表现即人们所强调的生态系统服务或环境效应（国家林业局，2013）。森林可持续经营的标准和指标可以为森林经营提供监测和评价的基本框架。因此，本研究在对森林生态系统影响进行判断、分析、评价时，可以将森林可持续经营的标准和指标作为参考依据。

随着可持续经营思想的不断发展，评价森林可持续经营的标准和指标在世界范围内受到了广泛关注，各国都积极倡导和参与构建区域性的森林可持续经营的标准和指标体系。目前已经形成的并有一定影响力的国际进程如下：热带木材组织进程（The ITTO Process, 1992）；赫尔辛基进程（The Helsinki Process, 1994）；蒙特利尔进程（The Montreal Process, 1995）；塔拉波托倡议（The Rarapoto Process, 1995）；非洲干旱地区进程（The Dry Zone Afica Process, 1995）；近东进程（The Near East Process, 1996）；中美洲进程（The Central American Process of Lepaterique, 1997）；非洲木材组织进程（The ATO Initiative, 1997）；亚洲干旱森林进程（The Dry Asia Proposal, 1999）。

在上述国际进程中，与我国有密切关系的有热带木材组织进程、赫尔辛基进程、蒙特利尔进程。虽然各个进程中对森林可持续经营的评价标准和指标具有差异，但总体而言基本都包括了7个方面的要素：①森林资源状况（数量、质量、结构等）；②生物多样性状况（野生动植物资源等）；③森林生态系统的健康与活力；④森林生态系统的生产能力；⑤森林生态系统的保护功能；⑥森林社会及经济效益；⑦法律政策和机构等。不同进程标准和指标确定的差异主要体现在各类标准的重要性、如何对指标进行具体评价以及实现各要素的要求所需承担的具体责任方面。

本研究的核心是分析林权制度改革对森林生态系统的影响，因此研究更关注的是森林生态系统本身。在选择标准和指标时，应该更关注森林资源本身和生态功能方面的指标。因此，本研究依据现有的森林可持续经营评价标准和指标，选取其中的森林资源状况、生物多样性状况、森林生态系统的健康与活力、森林生态系统的生产能力、森林生态系统的保护功能五个方面的标准，分析和探讨林改以后森林生态系统在这些方面受到的影响。如表4－1所示。

表4－1　森林生态系统影响的判断依据

Tab. 4 –1　**Forest ecosystems affect judgment**

对森林生态系统影响的判断指标	具体含义与内容
森林资源状况	森林面积与蓄积、林种结构、林龄结构等
生物多样性状况	物种多样性、生态系统多样性、遗传多样性
森林生态系统的健康与活力	活力、组织结构、抵抗力、恢复力
森林生态系统的生产能力	用材林面积、各森林类型面积和活立木蓄积、林业用地中各类土地面积的比例、人工林面积和蓄积
森林生态系统的保护功能	植被保护、保持水土、涵养水源等

4.1.3　制度改革对森林生态系统影响的驱动力

整体而言，森林生态系统受到影响主要有两方面的驱动力。首先是森林生态系统变化的内部驱动力，具体是指森林资源和森林生态系统自身的数量、结构、群落等发生的变化和演进带来的森林生态系统本身的变化和影响。二是外部驱动力，是指由于林权制度改革等外部环境变化带来的森林资源经营主体的行为变化对森林生态系统产生的影响，即人类活动和经营行为动对森林生态系统产生的影响。

由于产权明晰以后带来的森林经营主体行为变化，即林改以后人类活动干扰造成的对森林资源和生态系统的影响。林改以后，制度的变化和制度变革以后各项政策的实施，对内部驱动力和外部驱动力都会造成一定的影响，而在内外驱动力共同作用下，森林生态系统就会产生相应的变化及影响。如图4－3所示。

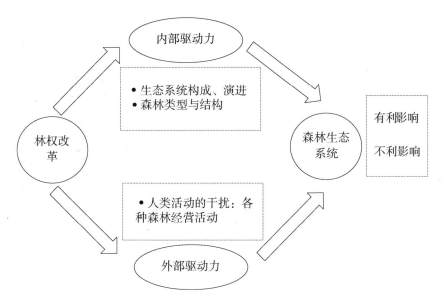

图 4 – 3 林权改革对森林生态系统影响的动因

Fig. 4 – 3 Forest reform affect on the forest ecological system

（1）制度变迁影响的内部驱动力

森林生态系统是一个综合的、复杂的生态系统。森林资源数量、树种结构和森林生态系统构成的变化，本身就是森林生态系统进行自我演进和调节的过程，其系统内部的调节作用能促使森林生态系统不断恢复、促进、发展。森林生态系统自身演进过程中，森林结构的各种变化（群落结构、林层结构和树种结构等），都会对森林生态系统产生影响。森林结构是指森林植被的群落构成及其状态。结构对功能有决定作用，主导功能的发挥要有与之相适应的生态系统结构。不同的森林生态系统结构会产生不同的功能，不同的主导功能所要考虑的结构也不同。森林结构对于森林生态系统的功能而言是一个重要的影响因素。森林生态系统的群落结构、树种结构、林龄结构等都能够影响其功能。对于森林生态系统而言，树种结构的复杂程度越高，森林生态系统的稳定性也就越高。

（2）制度变迁对森林生态系统影响的外部驱动力

人类对森林的经营活动会影响森林生态系统自然演替的进程，合适的人为干扰将产生、促进甚至加速演替的过程，而不合适的人为干扰反而可能会减缓演替的进程。从长远来看，在科学的森林资源经营行为下，森林生态系统最终会朝着有利于自身演替的方向进行，这也是森林经营的目标所在。但是，从短期来看，短期的、暂时的、个别的森经营活动却可能是不适合的干扰，并将导致森林生态系统演替的减缓，有时甚至转化为逆行演替，这时森林生态系统的稳定性和可持续性便出现下降趋势。

集体林权制度改革以后，制度变化最直接的体现是产权的进一步明晰，而产权明晰的结果则是森林资源经营主体的进一步明确。随着多年来改革的推行和深入，除了明晰产权以外，相关的配套改革政策的制定和实施已经使林改成为了一个推进三明市林业整体发展的综合改革政策。林改以后农户作为森林资源经营的主体，他们的森林活动和经营行为受到了制度变化和各项相关政策实施的影响，而这些森林经营活动和经营行为会直接作用于森林资源和森林生态系统，成为了此次改革对森林生态系统造成影响的外部驱动力。

由于林权制度改革目前已经成为一项综合的林业改革与发展政策，因此在多种因素共同作用下，森林资源经营主体的行为变化对森林生态系统的影响具有不确定性。从资源经济学的视角来看，由于林业产权的特殊性（林权的外部性），一般认为正常的营林活动（造林、抚育、择伐、森林防火、病虫害防治等）是会产生正外部性，而其他一些人类活动的干扰（如毁林、修路、开矿等）则会产生负外部性，从而对森林生态系统产生负面影响。

制度变迁通过改变人类的行为，可能对森林生态系统产生正向或者负向两种影响。一方面，林改以后造林活动的增加使森林面积迅速增加，对于森林资源数量增长有着显著的贡献；但从另一个角度来看，林改以后的造林活动的现实结果是人工林数量的迅速增加、纯林数量的迅速增加，这有可能导致森林生态系统结构单一，生物多样性丰富度有所降低，进而导致森林生态系统的健康、活力和稳定性的下降，从而造成负面影响。根据绿色和平组织的估计，世界范围内的近一半的原始森林已经消失。30%的原始森林也由于遭到破坏而出现了功能的严重退化。目前仅剩20%的原始森林仍然保持原状。原始森林被破坏以后，即使通过补种人工林，也难以恢复原始森林被破坏带来的生态影响。森林的减少会导致水土流失、洪涝频发、全球变暖、生物多样性锐减等灾害。

4.2 林改后制度的变化及其影响分析

集体林权制度改革是社会主义林业生产关系的核心内容，是对现代林业进行调整的基础性制度安排。而集体林权制度改革不仅仅是林业产权的改革，还涉及到使用权、管理权以及利益关系的分配和调整。从林权制度改革实施至今，可以说林改已经成为了一项推动集体林区林业综合发展的制度改革，涉及森林资源经营管理相关的各方面的制度和政策。林权制度改革以后以产权为核心的制度发生的一系列的变化能否为森林生态系统的改善和功能提升提供有效的保障，直接关系到集体林权制度改革以后森林资源和森林生态系统质量，以及林改的生态目标是否能够实现。

集体林权制度改革作为一项制度变迁，以产权为核心的一系列制度所产生的变化，会同时作用于此项改革的主体和客体。集体林权制度改革的主体为集体林区的广大林农，而客体则是森林资源及森林生态系统。而从原理来看，林权制度改革是通过制度变化后森林资源经营主体行为的改变而作用于森林生态系统的，因此研究林权制度对森林生态系统的影响，首先要弄清楚林改以后制度发生了哪些变化。

三明市集体林权制度改革是一项以产权制度变革为核心的综合改革。从三明市集体林权制度改革及其相关配套改革来看，此次林权制度改革涉及所有权、使用权、管理权以及利益分配四个方面的制度（侯一蕾，2014）。林权制度改革以后，这四个方面的制度都产生了相应的变化，这些制度变化会引起林改以后森林经营主体行为的变化，而主体行为的变化会进一步作用于森林生态系统。本节将从这四个方面的制度变化出发，分析这些变化作用于森林资源经营过程和森林生态系统保护的特点以及改革可能产生的矛盾与冲突。具体而言，所有权制度的变化具体表现在分林到户（或者确权到组）以后，森林资源由原来的集体经营变为分散的农户家庭式经营。使用权制度的变化主要体现在林权登记、过户、流转、托管等方面。管理权制度的变化主要是由于经营主体变化以后带来的采伐、森林经营投入、灾害防治等具体的森林资源经营行为会发生变化。

利益分配制度主要是通过林改以后相关的配套政策来体现的，如合作组织、抵押贷款等。如图4-4所示。

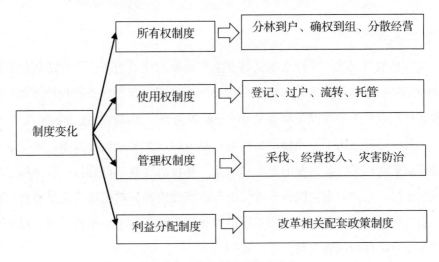

图4-4 林改带来的制度变化

Fig. 4-4 Institutional changes after the forest reform

从制度变化对森林生态系统的作用原理来看，三明市集体林权制度改革以后，以产权为核心的一系列制度的变化会同时作用于森林资源经营主体和客体。对于森林资源经营主体而言：首先，产权的明晰使森林资源的经营主体进一步明确。确权发证以后，农民拥有了林地使用权和林木所有权，经营主体得到了明确。其次，集体林分林到户以后，本身由集体统一经营的林地被分到了各家各户，导致了森林资源经营主体的数量骤然增加。最后，主体改革的确权，加之配套改革提供的各种制度保障，使林改以后森林资源成为农民手中一种重要的生产性资源，大大激发了农民进行森林资源经营管理的积极性。

制度改革带来的以上这些经营主体的变化，使森林资源经营主体产生了经营的需求，这些需求包括造林的需求、采伐的需求、扩大经营规模的需求等。需求的产生一方面会对经营主体的经营意愿及经营行为产生影响，这些影响主要体现在造林、流转、合作、抵押贷款、采伐等森林资源经营活动方面。另一方面，森林资源经营主体需求的产生，会导致其经营能力和经营资本投入方面发生变化。经营能力是指经营主体在造林的各个环节是否具有一定的技能，经营资本则包括森林资源经营的资金投入和劳动力投入。经营意愿和行为、经营

能力和资本投入又会进一步对改革的客体（即森林）产生一定的反馈。如图4
－5所示。

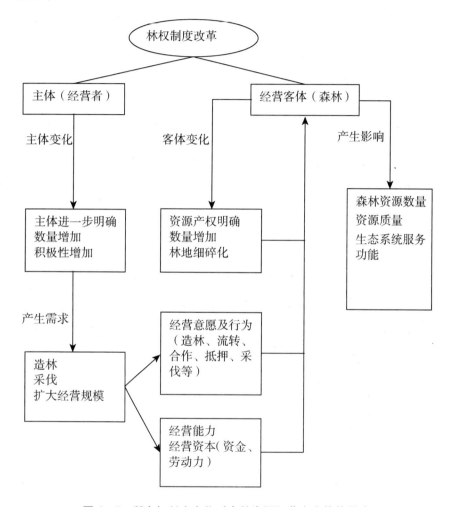

图4－5 所有权制度变化对森林资源经营主客体的影响

Fig. 4－5 Influence of ownership system changes on the subject and object of forest resources management

此外，林权制度改革以后，所有权制度导致改革的客体本身也会发生一定
的变化，这些变化具体体现为：森林资源产权的明确使每一片林地都有了经营
者（主体），改革以后森林资源数量本身的增加，以及改革以后林地细碎化的加
剧等。这些客体本身产生的变化与经营主体的经营意愿及行为变化、经营能力
和资本投入等因素，最终将一起作用于森林资源经营的客体，并对其产生一定

的影响。例如，林业的市场化发展使集体林区的森林资源经营规模有了扩大的需求，林改以后分散的经营会出现某一种树和几种树种的大面积种植，对森林结构会造成一定影响。有学者指出，局部森林生态系统的物种单一，从而降低森林生态系统的稳定性和抗逆性，最终导致其防护功能明显减弱和生物多样性降低。而林改的制度变革虽然能够使资源得到数量上的提升，但却无法对森林生态系统的服务功能进行合理配置和有效提升。如果此时政府作为改革的推动者，无法在生态系统层面进行调控，从长远来看可能会造成生态系统的退化。

4.2.1 所有权制度对森林资源及森林生态系统的影响

明晰产权是实现森林资源外部性的十分有效的途径，产权的明晰能够通过市场机制使资源达到有效配置、保证经济发展和生态保护协调发展（官波，2014）。从权属变化的视角来看，森林资源经营主体的进一步明确可能会对林业生产的积极性产生影响，但经营主体数量的骤然增加、经营客体（林地、林木）细碎化程度进一步加剧等也会带来一些新的问题。所有权制度的变化主要表现在所有权的明确和所有权的细分，即林改以后森林资源经营由原来的集体经营变为分散的农户家庭式经营。

从所有权分配的现实角度来看，三明市的新一轮林权制度改革进一步明晰了森林资源产权。三明市在主体改革过程中，没有采取一刀切的"分林到户、确权发证"的形式，而是采取了多种形式因地制宜地进行了集体林产权的明晰。原本的自留山和经济林、毛竹林等采取"分林到户"的形式，给每一户发放林权证。一部分集体林由于历史问题难以分林到户，因此采取了分林到村民小组等共同体的形式进行确权发证，这是三明市产权明晰的一个创举。产权明晰到村小组、自然村、联合体等形式，实际上是产权明晰的一种创新形式。"共同体"的形式明确产权，产权归共同体的每一个成员共同所有，这种形式表面上类似集体经营，但却与集体统一经营有着本质的区别。"共同体"经营的形式，克服了以往集体统一经营的"大锅饭"的弊端，又在一定程度上形成了适度的规模经营，避免了分散的单户经营中存在的不足。就目前三明市的现实情况来看，分林到村小组等共同体的形式，一般为20—50户共同所有和经营，每一片林地的面积约几百亩，经营管理较为方便。

　　三明市集体林权制度改革以后，产权进一步明晰，这一变化同时作用于森林资源经营主体和客体。因此，林改以后所有权变化导致的结果是：森林资源经营主体的具体化、经营客体（林地）的细碎化。主客体的变化所导致的森林资源经营行为的变化，都将作用于森林生态系统，并对其产生影响。

　　（1）经营主体具体化可能产生的影响

　　首先，森林经营主体具体化以后，分散的农户经营必然以追求利益最大化为目标，此时森林资源经营目标与林改的生态目标就会存在一定的矛盾和冲突，进而可能会对森林生态系统产生负面的影响。从农户问卷调查的结果来看，农户林改以后进行森林资源经营最主要的原因是他们认为林业经营可以获得更多的收入，其次是林改后获得的林地可以由后代继承（如图4-6所示）。可见，林农经营林地的目的是为了获得收益，即使林农认为造林后不能马上获得收益，他们在获得林地使用权以后为了占山也会迅速造林，但这些造林活动大多不是以森林资源和生态系统保护为目的的。因此从长远的角度来看，森林资源经营主体的具体化，可能会对森林生态系统存在潜在的威胁和不利影响。此外，农户在林改以后的造林，基本都是杉木、马尾松、竹林，都属于用材林，从一定程度上看，有利于提高森林生态系统的生产力。

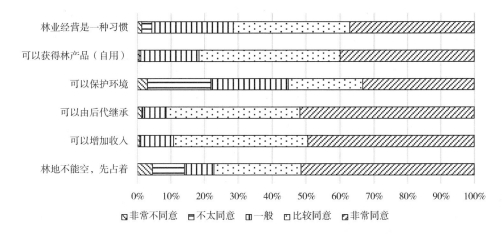

图4-6　林农经营林地的主要目的

Fig. 4 - 6　The main purpose of the management of forest woodland

　　（2）林地细碎化可能产生的影响

　　经营对象的细碎化也会对森林生态系统产生一定的影响。以往大量研究表明，林权的分散化会带来森林资源经营管理方式的多样化，从而将改变森林生态系统组成和景观结构（Maltamo M，1997；Crow T R，1999；Gustafson E J，2007）。许多林地和林木资源拥有者受多种因素影响会改变其经营管理的策略，这种经营管理策略的改变在一定程度上会增加斑块的边界，使森林景观格局发生一定的变化，例如景观的破碎化等。因此就会阻碍森林生态系统的自然演进过程，从而破坏森林生态系统的完整性和稳定性，影响森林生态系统的功能（Birch T W，1995；Maltamo M，1997）。

根据本研究对管理者的调查结果显示，83.77%的被调查者认为林地细碎化会对森林生态系统产生"非常不利"的影响。他们认为，三明市林改以后虽然没有采取一刀切的"分林到户"形式进行产权的明显，但林改在分林的过程中，无论是分到户，还是分林到小组，都造成了大量的林地细碎化的事实。林改以后，由于林地的细碎化，一是会造成农户之间的林地纠纷，导致产生矛盾和纠纷的林地无人管理，甚至造成采伐迹地由于产生纠纷得不到及时更新的现象屡屡发生。林地细碎化另一方面会造成农户不及时进行病虫害防治，这不仅会造成自己家林地遭受损失，也会对周围的林地带来影响。由此可见，林地细碎化已经对森林生态系统造成了一些不利影响。

综上，对照本研究对森林生态系统影响的五个方面的指标可以看出，所有权制度变化对森林生态系统可能产生的影响可以归结为：①经营主体的具体化造成林农造林数量的增多，从而对森林资源的数量增加、森林生态系统的生产力有一定影响。②经营对象的分散化和细碎化可能对森林生态系统的生物多样性、健康与活力产生一定的影响。如表4-2所示。

表4-2　所有权制度变化对森林生态系统的影响

Tab. 4-2　The influence of ownership change on forest ecosystems

项目	经营主体的明确	经营对象的细碎化
森林资源状况	资源数量增多	—
生物多样性	—	生态斑块细碎化
森林生态系统健康与活力	—	抵抗力、恢复力减弱
森林生态系统生产力	用材林数量增加	—
森林生态系统保护功能	—	—

4.2.2 使用权制度对森林资源及森林生态系统的影响

对于使用权制度的变化，林改以后农民获得了林地的使用权，他们既可以对自己获得了使用权的林地进行经营，同时也可以根据自己的需求对林地进行流转、合作等。本研究在实地调研中发现，使用权制度变化以后，森林资源经营过程中出现了两个主要问题：一是林权证作为使用权的重要依据，在农民行使使用权过程中不能有效发挥其作用。二是林权改革以后使用权可以通过流转等方式实现使用权的聚集，从而扩展规模。但由于配套政策没有及时建立和完善，造成了流转的不规范和不合理，从而可能会对森林资源和森林生态系统产生不利影响。

（1）林权证使用不便

林改以后，森林资源产权明确落实到农户层面，最直接的体现就是林权证的发放。而林权证作为森林资源所有权和使用权的证明，也正是林农行使其使用权的重要凭证。林权证的发放为森林资源的使用权提供了基本的保障，它是森林资源的拥有者在经营、收益以及处置时的有效凭证。三明市集体林的发证率截止到 2012 年年底已经达到了 88.84%（如表 4 - 3 所示），发证率较高。调研发现，未发证的原因主要有：①存在山林权属纠纷面积 27.5 万亩，占 1.04%；②存在经营权争议未发证面积约 25 万亩，占 0.95%；③县际以上插花山未发证面积约 28 万亩，占 1.06%；④省属国有林场受让村集体山林而未发证面积约 30 万亩，占 1.13%；⑤村集体未申请林地所有权发证面积约 100 万亩，占 3.78%；⑥其他原因未发证的约占 3%。

表 4 - 3　2012 年底三明市集体林林权证发放情况统计表

Tab. 4 - 3　Collective forest right certificate distributionstatistics at the end of 2012

统计区域	发证面积 （亩）	发证率 （%）	发证到单户 （户）	发证到联户 （户）
三明市合计	23508140.31	88.84%	190910	617142
梅列区	314297.5	78.51%	5494	8840
三元区	782457.56	81.32%	10311	17770
明溪县	1666112.5	84.61%	17294	31283

统计区域	发证面积 （亩）	发证率 （%）	发证到单户 （户）	发证到联户 （户）
清流县	1817725.3	80.67%	11764	27117
宁化县	2619694.5	96.24%	14620	44458
大田县	2084234.15	86.33%	12525	78188
尤溪县	3536578.15	88.93%	25599	134281
沙县	1802798.3	89.98%	16679	91886
将乐县	2440417.1	94.60%	10419	65046
泰宁县	1660086	90.19%	15524	30440
建宁县	1468776.2	82.08%	18371	34325
永安市	3314963.05	93.40%	32310	53508

数据来源：课题组实地调研资料。

除了各种历史原因未能发证的林地以外，调研结果（表4-3）可以反映出三明市及各区县目前的林权证的发证率和到户率都很高，且单户和联户的发证数量都很大。但即使林改以后林权证的发放率较高，林改后林权证的作用，尤其是使用权的作用却没有充分体现。根据农户调查结果，87.32%的林农表示拿到林权证以后，从来没有进行过使用，甚至是在林权流转、抵押贷款、合作经营等活动中，也没有使用过林权证。从管理者调查和访谈中发现，林业主管部门在发放林权证以后，也没有进行后续的动态管理，包括林权流转以后的登记与变更，也没有及时跟进。这造成了林改以的林权证使用过程中存在"林农不使用、林业主管部门不监管"的现实情况。林权证虽然是林权改革的一大成就，却在实际使用时没有发挥其应有的作用。于是就造成了三明市在林改以后，虽然产权进一步明晰了，但林地的所有者和林地的管理者都没有适应这一变化。林权证使用不充分会造成不能充分盘活森林资源要素，使经营主体的分散和林地的细碎化问题仍然难以解决，给整个林业的可持续经营带来潜在的压力。

在实地调研中发现，由于新一轮集体林权制度改革之前有的山林已经进行了拍卖、转让、承包，因此在此次林改中一些村出现了无林可分、少量林地难以分配、林改后到期的林地难以分配等问题。因此在三明市新一轮集体林权制度改革过程中，在明确产权时，有近三分之一的林地是以"确权到组"的方式进行分配的（侯一蕾，2014）。从表4-3中可以看出，林权证发放"联户"的数量占了很高的比例，但在实际发证过程中，联户经营只有一本林权证，这就造成多人持有一证的尴尬局面，也造成了"联户林权证"虽有证但无法使用的现实问题，大大影响了森林资源经营的效率。虽然三明市各区县逐渐推行联户林权证"人手一本"的政策，但林农手中相同的林权证在森林资源经营过程中（如流转、抵押贷款、生态补偿等）如何使用仍然存在很多问题，这些问题若得不到解决，就无法引导林农进行科学合理的森林资源经营活动，这不仅仅会对林地生产力造成影响，也可能对森林生态系统的稳定带来不利影响。

（2）使用权流转存在的问题

使用权明确以后，林农作为森林资源经营主体产生了更多的森林资源经营方面的需求，其中，林权流转活动在使用权明确以后成为了林农行使其林地使用权的最直接的体现。林地流转的目的是通过林地要素的转移，重新优化和配置资源，使森林资源经营的各要素（林地、资金、技术、劳动力等）的组合达到最优化，从而提高森林资源经营水平，实现森林的可持续经营。因此，林地流转都必须服务于资源科学配置的目标，才能促进林改生态目标的实现。规范的流转能够对农民的流转行为以及流转以后的经营行为加以约束和激励，使其更加合理和科学地进行森林资源经营，最大限度地发挥森林的综合效益。

根据三明市林业部门的统计，截至2013年，三明市林改以后发生流转的林地面积已经累计达到442.92万亩。虽然三明市已经建立了30余个林权交易中心，但仍然存在着大量的非规范流转现象。从表4-4中可以看出，在三明市目前的林地流转中，通过交易市场进行的规范流转仅占30.55%，而林农之间没有通过交易市场进行的私下的非规范流转占69.45%。实际上在农户调查过程中发现，非规范流转的比例要更高。林农为了方便或者为了降低流转的交易成本，在实际流转过程中不愿意去正规的交易市场进行登记、过户和流转等程序，而他们更愿意私下签订合同进行林权流转。非规范流转与规范流转相比，存在着很多的不确定因素，这可能会给森林经营的诸多方面带来影响。例如，在规范流转中会对森林资源价值进行评估，因此可以对流出方的森林资源经营起到一定的监督和促进作用，这也意味着林农更好地经营林地可能会得到更高的评估价值，从而在流转中获得更多的经济收益。这对于以自身利益最大化为目标的林农而言，对其森林资源经营有着一定的激励作用。但非规范流转中由于缺乏监督和评估，随意性较强，且流入方往往也是为了进行林木采伐，因此会造成用材林数量的减少。此外，非规范流转由于缺乏监督，流入方在采伐结束后至流转截止期限前若不进行采伐迹地的更新，就会造成林地的空置和浪费。

表 4 - 4　三明市及各区县林地流转情况

Tab. 4 - 4　Woodland circulation situation of Sanming City

统计区域	流转总面积（万亩）	规范流转		非规范流转	
		面积（万亩）	比例	面积（万亩）	比例
三明市合计	442.9205	135.3044	30.55%	307.6161	69.45%
梅列区	4.6	1.75	38.04%	2.85	61.96%
三元区	4.35	0	0.00%	4.35	100.00%
明溪县	109.4461	0	0.00%	109.4461	100.00%
清流县	40.54	0	0.00%	40.54	100.00%
宁化县	30.91	5.22	16.89%	25.69	83.11%
大田县	8.3844	8.3844	100.00%	0	0.00%
尤溪县	96.49	0	0.00%	96.49	100.00%
沙县	17.12	17.12	100.00%	0	0.00%
将乐县	14.86	2.07	13.93%	12.79	86.07%
泰宁县	69.53	69.53	100.00%	0	0.00%
建宁县	15.46	0	0.00%	15.46	100.00%
永安市	31.23	31.23	100.00%	0	0.00%

数据来源：数据为实地调研资料。

此外，根据农户调查问卷的结果可以看出，在进行过林权流转的农户中，78.32%的农户是进行林地转入，扩大经营规模；而21.68%的农户是进行林地转出，主要是由于家中劳动力的缺乏或家庭对林业的依赖很低等原因，不愿意进行森林资源经营。从农户进行林地流入的主要原因来看（如图4-7所示），53.99%的农户流入林地的目的是为了获取收益，28.83%的农户是为了扩大经营规模，而这种经营规模的扩大往往也是为了追求经济收益。这样的流转动因会造成两个重大问题：一是林农在流转林地以后，为了获得收入进行采伐，采伐后由于流转期限未到，但林业经营周期太长，无法进行下一轮森林经营，于是采伐更新后马上将林地转出，造成了林地的频繁流转。以往的研究表明，林权流转过于频繁会造成森林面积和木材产出减少，从而导致森林质量的下降，对森林生态系统会造成一定的负面影响（李娜娜，2011）。二是采伐以后在更新造林过程中，由于造林者马上要将林地转出，他们往往不重视造林的质量，从而导致了林地质量的下降。Gustafson（2007）在研究中发现，林权流转导致木材产量减少，公众娱乐的森林面积也大大减少。目前，各国已经开始重视林权流转带来的一些负面影响，已经有一些国家开始对林权流转做出各种限制。例如，制定相关的限制政策使林权的流入方在一定期限内不得再次转让林地，或限制林权流入方不得在流入林地之后改变森林覆盖的类型。

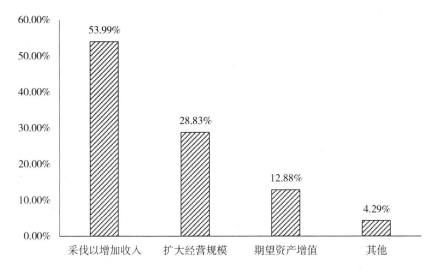

图 4 - 7　样本农户转入林地原因

Fig. 4 - 7　The reason of transfer of sample peas – ants

综上，对照本研究对森林生态系统影响的五个方面的指标可以看出，使用权制度变化对森林生态系统可能产生的影响可以归结为：①在林权证的使用中存在诸多问题，林农通过林权证行使使用权的意识不高，且由于管理的问题林权证使用十分不便，不能很好地发挥其作为森林资源资产凭证的作用。因此虽然使用权得到了明确，却仍然难以解决经营主体分散和林地细碎化等问题，对森林生态系统的健康活力、生物多样性都存在着潜在的威胁。②林地流转的不规范、林地流转目的趋于追求经济利益等问题，会造成林农对森林资源经营的粗放和不合理，甚至可能减少用材林面积。频繁的流转以及缺乏评估和监管，难以保证森林资源的质量。如表4-5所示。

表4-5　使用权制度变化对森林生态系统的影响

Tab. 4-5　The influence of use right system change on forest ecosystems

项目	林权证使用不便	流转不规范
森林资源状况	—	森林质量不高
生物多样性	细碎化问题仍然存在，可能会对生物多样性产生威胁	—
森林生态系统健康与活力	—	—
森林生态系统生产力	—	减少用材林面积
森林生态系统保护功能	—	—

4.2.3　管理权制度对森林资源及森林生态系统的影响

林改以后由于森林资源经营主体发生了变化，管理权制度就必然会发生变化。原来的森林资源管理更多的是针对国有和集体经营，以及集体林承包经营。但林权制度改革以后，林农和以林农为主的共同体成为了管理的对象，因此管理对象、管理方式以及管理的手段都将发生变化。林改以后产权的具体化和森林资源经营主体的分散会导致管理部门对森林资源经营进行管理的成本大大提高，因此林改以后各项林业政策的实施面临着巨大压力和诸多新的困难。这些压力和困难主要表现在以下方面：一是管理对象骤然增加导致林政资源不足，难以满足诸多经营主体的需求。二是原有的林业法律法规和森林资源经营政策未作调整，特别是商品林采伐管理在实际工作中产生了诸多问题。

（1）管理对象骤然增加产生的影响

林改以后森林资源经营的管理对象的数量骤然增加，且产权的明确使林农在森林资源经营的诸多方面产生了需求。服务对象数量的增加大大增加了林业部门的管理成本，因此在有限的林政管理资源下，难以对森林资源经营活动进行有效的引导和监管。从管理者视角来看，确权发证、流转、抵押贷款、森林保险、合作组织等林改相关政策的实施，都需要投入大量的人力物力才能确保其顺利实施。在实际调查中，79.25%的管理者认为林改以后经营主体数量的增加给森林资源管理工作带来了困难和压力。他们普遍认为，林改以后虽然实施了一系列的配套改革，但现有的林政资源难以保障这些具体政策的实施效果，这就有可能导致森林资源的粗放和不合理经营。

此外，林改以后林农成为了森林资源经营主体，与以往的森林经营相比，最大的问题就是林农的经营能力不足会对森林资源质量和森林生态系统产生影响。林业主管部门认识到了这一问题的严重性，林改以后，通过大量的宣传教育、技术培训等方式试图提高农民的经营能力。从问卷调查结果来看，农户对于林改以后的宣传培训有着较为强烈的需求。其中，对合作组织、抵押贷款、流转三个方面的培训最有兴趣，但对森林资源经营实用技术却没有强烈的需求（如图4-8所示）。然而管理者却普遍认为林农十分缺乏森林资源经营的技术，林农经营行为的不规范不合理已经出现了造林密度过大、抚育效果差、森林病虫害增加等问题，这些问题都将会对森林生态系统产生影响。

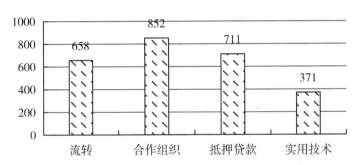

图4-8　林农希望参加的宣传培训类型

Fig. 4 - 8　Training type choices by farmers toparticipate in advocacy training

（2）限额采伐产生的影响

管理权发生变化以后，对森林资源经营和森林生态系统产生最明显影响的就是采伐制度。从三明市近年来的采伐限额执行情况来看，采伐的蓄积量和出材量有逐渐减少的趋势（如表4-6所示），而林改后森林经营主体骤然增加，就造成了限额采伐制度在林改以后出现了不适应性。将有限的指标分给更多的经营者，无形之中增加了管理部门的管理成本。

表4−6 2006—2012年三明市限额采伐执行情况

Tab. 4−6 Cutting quota policy implementation in Sanming City from 2006 to 2012

年份	合计（立方米）		商品材（立方米）		非商品材（立方米）	
	蓄积量	出材量	蓄积量	出材量	蓄积量	出材量
2006	2815361	1358666	1852570	1333602	962791	25064
2007	2819852	1406254	1929872	1382635	889980	23619
2008	4379854	2181384	3536107	2164313	843747	17071
2009	2595561	1256265	1752758	1242796	842803	13469
2010	2821053	1492325	2031864	1477126	789189	15199
2011	1911593	894049	1202629	881957	708964	12093
2012	1333939	982581	1322046	974227	11893	8354

从林改生态目标的角度来看，限额采伐制度在执行过程中，缺乏对树种结构的考虑。从近年来限额采伐执行的具体情况来看，2006年至2012年期间采伐的蓄积量和出材量来看，阔叶林蓄积量和出材量所占比例如图4−9所示。从图中可以看出，近年来采伐的林木中，阔叶林的比例略有增加。结合林改以后造林以针叶林为主的事实，当前的采伐会使阔叶林和针叶林的比重失衡越来越严重，这就可能造成森林生态系统多样性降低、森林健康和活力的下降。

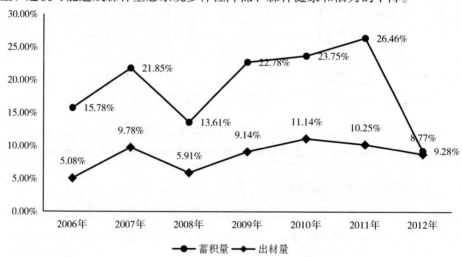

图4−9 2006—2012年阔叶林采伐蓄积量和出材量

Fig. 4−9 Volume and the quantity of broad−leaf forest form 2006 to 2012

综上，对照本研究对森林生态系统影响的五个方面的指标可以看出，管理权制度变化对森林生态系统可能产生的影响可以归结为两个方面：①管理对象数量骤然增加大大增加了林业部门的管理成本，因此在有限的林政管理资源下，难以对森林资源经营活动进行有效的引导和监管。而林农经营能力不足造成了造林密度过大、抚育效果差、森林病虫害增加等问题。②采伐管理制度成本也大大增加，且林改后采伐缺乏对树种结构的考虑，造成了阔叶林的减少，林种结构的失衡。如表4-7所示

表4-7　管理权制度变化对森林生态系统的影响

Tab. 4-7　**The influence of management system change on forest ecosystems**

项目	管理对象增加	采伐树种选择
森林资源状况	造林密度过大导致森林质量低	森林质量不高
生物多样性	—	林种结构失衡
森林生态系统健康与活力	—	阔叶林减少
森林生态系统生产力	—	—
森林生态系统保护功能	经营能力低导致病虫害加剧	—

4.2.4　利益分配制度对森林资源及森林生态系统的影响

林权制度改革以后会导致森林资源公权与私权的利益格局及实现方式发生变化。从利益调整的角度来看，林地使用权的私有化能够实现自主经营，从而为资源的所有者提供一定的利益保障。集体林权制度改革从根本上讲，就是通过新的产权制度安排，实现利益的重新分配和调整，因此林改无论是主体改革还是相关配套改革政策的实施，其最终都是为了进行利益的再调整和再分配。此次林权制度改革在利益的调整和重新分配过程中，出现了两大问题。

第一，在经济利益的驱使下，林权制度改革以后出现了林地流转、合作等活动，这些活动可以使森林资源进一步聚集、扩大经营规模。但实际调研表明，虽然有大量的林农产生了扩大经营规模的需求，但这种森林资源的规模化经营往往并不是为了森林资源科学、可持续健康的经营，相反，流转、合作等方式往往只是由于农民追求短期经济利益的方式。实地调研发现，林改以后有56.74%的农户希望扩大自己的森林经营规模，从其动因来看最主要是为了获取

收益。但从改革的生态目标来看，改革以后的一个重要问题恰恰是森林资源质量的提升、森林生态系统功能的可持续提高。因此在这样的利益分配和调整制度下，难以实现林改的生态目标。

第二，生态公益林的管护对于森林生态系统有着重要的作用。三明市林权制度改革以后，生态公益林也随之进行了改革，但生态公益林补偿标准偏低、公益林原始分配不均等、部分人工林强行划定为公益林等问题难以解决，制约了公益林管护与生态效益的发挥。此外，从现行的生态公益林补偿来看，三明市目前的补偿对于普通的林农而言更类似于一种福利，并不是对保护公益林的一种激励，因此对于激励人们真正重视对公益林的管护作用十分有限，难以真正促进森林资源保护与生态效益的发挥。

从农户调研的结果可以看出，农户认为目前生态公益林补偿和管护制度存在的比较严重的问题包括三个方面：第一，生态公益林不允许利用，无法获得收益；第二，补偿标准低，缺乏管护积极性；第三，护林员管护专业性不强，管护水平低（如表4-8所示）。可见，农户认为公益林管护中存在很多问题，管护的效果并不十分理想。这说明公益林补偿与管护制度的目标并没有很好实现，因此对森林生态系统的改善并未作出明显的贡献。

表4-8　生态公益林补偿和管护中存在的问题

Tab. 4-8　Problems of ecological forest compensation and management

项目	不存在	一般	严重
补偿标准低，缺乏管护积极性	11.59%	26.83%	61.59%
公益林权属不清	20.22%	45.44%	34.34%
公益林范围太大，难以管护	22.54%	40.10%	37.36%
生态公益林不允许利用，无法获得收益	8.78%	22.26%	68.96%
护林员管护专业性不强，管护水平低	17.06%	30.20%	52.74%
管护缺乏监督和奖惩机制	26.33%	23.17%	50.49%

综上，对照本研究对森林生态系统影响的五个方面的指标可以看出，利益分配与调整制度变化对森林生态系统可能产生的影响可以归结为两个方面：①流转、合作等经营行为能够促进资源的聚集，一定规模的森林资源经营能够提高森林生态系统的生产力，同时有利于病虫害防治。②生态公益林补偿与管护

制度，是分类经营原则下，对森林资源的严格保护，有利于增加生态系统的稳定性。但对于公益林严格的限制会减少林产品的产出。如表4-9所示。

表4-9 管理权制度变化对森林生态系统的影响

Tab. 4-9 The influence of management system change on forest ecosystems

项目	资源的聚集	公益林补偿与管护
森林资源状况	—	—
生物多样性	—	—
森林生态系统健康与活力	规模化经营有利于防治病虫害	增加系统稳定性
森林生态系统生产力	资源聚集有利于提高生产力	限制资源利用，减少林产品产出
森林生态系统保护功能	—	—

4.3 林权制度改革后森林经营的变化及其影响

前面分析了林权制度改革以后，制度层面具体发生了哪些变化，以及这些制度的变化可能对森林生态系统的影响。集体林权制度改革以后，制度的变化是通过两个方面对森林生态系统产生影响的。一是制度变化直接产生的影响，前面已经进行了分析。二是由于制度变化作用于森林经营活动，通过森林经营的具体行为对森林生态系统产生的影响。

三明市是我国最早开展集体林权制度改革的试点区域之一，是我国南方典型的集体林区。自20世纪80年代以来，福建省三明市建立了众多的林业企业，这些企业靠山吃山，规模日益扩大。此外，20世纪90年代以来木材价格的上涨，导致森林资源经营者对木材采伐的需求增加，同时盗砍盗伐木材现象屡屡发生。经过30多年掠夺性砍伐，致使三明市具有最优的涵养水源和保持水土功能的天然常绿阔叶林日渐减少。集体林权制度改革以后，造林面积虽不断增加，但所造人工林，特别是单一的人工林树种逐渐增多，成为三明市森林的重要组成部分。由于森林资源经营管理主体和经营管理方式的变化，使三明市森林生态系统受到了一定的影响。

森林生态系统可持续稳定发展过程中最本质的矛盾还是保护和利用之间的矛盾。一方面，要通过森林取得木材等林产品，满足人类发展的物质需求；另一方面，又要保护森林生态系统，让它健康稳定发展。森林经营是解决森林可持续发展基本矛盾的最有效途径。因此，只有科学合理地经营森林资源才能够实现森林保护和利用的双赢。林权制度改革实际上是森林资源的重新配置，那么在制度发生变化的基础上，森林资源经营也发生了相应的变化，这主要体现在经营内容、经营形式、经营规模、经营管理四个方面。如图 4 - 10 所示。

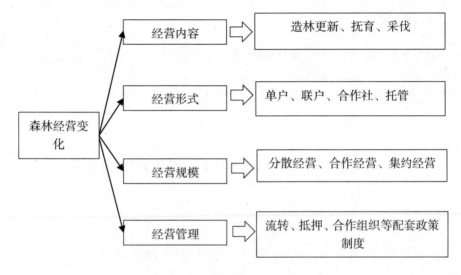

图 4 - 10　森林经营变化的具体内容

Fig. 4 - 10　The changes of forest management

4.3.1　林改后森林经营内容变化及其影响

集体林区林权制度改革的主体改革完成以后，森林资源产权得以进一步明晰，这种制度的变迁一方面会使森林资源经营主体发生变化，即经营主体进一步明确、经营主体数量骤然增加；另一方面林改后公权到私权的转变使原本的利益分配制度发生了变化。此外，在主体改革完成以后的深化林改时期，林业生产经营的一系列配套政策和制度（如流转、抵押贷款、合作、林下经营等）的制定和出台，为森林资源经营主体提供了更好的政策和制度保障。这些制度和政策的变化都会直接作用于森林资源经营主体，使他们的森林资源经营行为发生变化,从而导致林改以后森林经营的内容产生了一些变化。如图4-11所示。

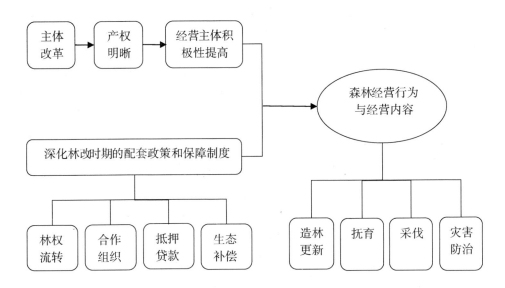

图4-11 林改后森林经营内容的变化

Fig. 4-11 The specific content changes of forest management

林改以后森林经营内容发生变化,其根本原因在于农户森林资源经营意愿和行为发生了变化。具体而言,林改以后森林资源的经营者,尤其是农户,他们对森林资源的认知发生了变化,他们认识到了森林资源和林地的潜在价值,因此经营管理森林资源的积极性会大大提高,这就使得农户对森林资源经营的意愿更加强烈。根据农户林改以后森林经营意愿和积极性的变化,可以将其分为两种类型。第一种类型的农户,其林改以后希望从事林业生产经营活动,并通过自身的经营管理获取收益,这一类农户通常就会进行森林资源经营管理的一系列活动,并有可能具有通过流转(流入)、合作等形式扩大林地经营规模的需求。而对于另一类农户,他们在获取林地以后,并不希望对森林资源进行经营管理,而是希望将林改以后获得的林地作为一种资产,通过流转(转出)林地的使用权和林木所有权,来获得一定的收益。但无论是哪一类型的农户,他们在林改以后都会做出相应的行为选择,根据自己的需求选择和从事不同的森林资源经营内容(造林、抚育、采伐、病虫害防治等)。当森林经营的内容发生改变时,人类活动对森林就会产生一系列的干扰,从而对森林生态系统产生影响。森林经营内容带来影响的好坏，需要根据具体的经营活动加以判断。

（1）农户造林树种选择可能产生的影响

林改以后林农的分散经营，更加注重的是短期的经济利益，因此在具体的森林经营中出现了这样的现象：以经营人工林为主、经营纯林、用材林和经济林较多。这样的经营行为会一定程度地对森林资源的天然更新造成不利影响，这种影响虽然短期内不容易表现出来，但长远来看，会对森林生态系统造成严重影响。许多学者的研究表明，人工林的林龄结构偏低、树种结构单一、生物多样性较低、生态功能相对脆弱，容易遭受病虫害等自然灾害，导致森林资源难以可持续利用（李小华，2010）。

在本研究所进行的农户调查中，当被问及分林到户以后造林希望选择的树种时，绝大多数农民愿意选择"收益高的树种"，很少有人会优先考虑选择"有利于保护生态环境的树种"（如图4－12所示）。通过与三明市及各区县的林业主管部门管理者的访谈可以发现，管理者普遍认为此次林改实施以后，尤其是以分林到户形式进行分配时，农户对于森林资源经营的积极性有了大幅度提高。但在实际的森林资源经营过程中，他们最主要的目的在于获取经济收益，因此他们在林改以后的森林资源经营方面的各种活动都是以利益为导向的，这恰恰与林改的生态目标形成了一定的矛盾和冲突。若这种矛盾和冲突得不到很好的解决，就难以提升森林资源的质量和森林生态系统的服务功能。

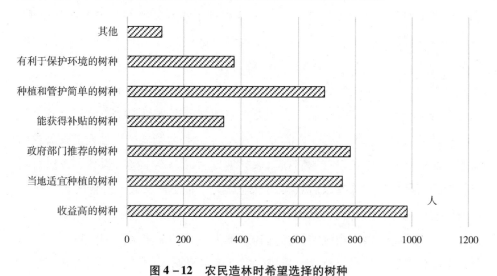

图4－12　农民造林时希望选择的树种

Fig. 4－12　**What species will farmers hope to select tree when operating forestland**

此外，林改以后农户虽然进行了大量的造林，但造林的投入普遍偏低。根据农户调查的结果，以种植杉木林为例，农户造林的平均投入约为 600 元/亩（包括购买种苗、造林以及造林后 3—5 年的抚育成本）。根据调查，三明市国有林场造林成本大约为 1200 元/亩。由此可以看出，林农在经营过程中，造林成本投入不足，这就可能导致森林质量不高。

（2）抚育和采伐可能造成的影响

森林资源的抚育和采伐都是人为干扰森林生态系统的主要途径之一，其对森林生态系统的干扰可能产生不同的影响。以往的研究表明，抚育可以改变森林生态系统结构的复杂性、降低林地的密度，可以对森林生态系统起到改善作用，而采伐活动对森林生态系统的干扰具有不确定性。

三明市林权制度改革以后，林农成为了森林经营的主体，他们在森林经营过程中的抚育和采伐活动必然会对森林生态系统造成一定的干扰。实地调查中发现，林改以后林农的造林活动有所增加。被调查的农户中，林改以后进行了造林活动的占 58.34%。但对于造林之后的经营活动，林农表现的并不十分积极。在被调查者中，林改之后对林地进行过抚育的农户仅占 38.52%，说明部分农户在造林以后没有及时进行抚育，这就有可能造成林改以后的二代林质量不高。而从管理者的调查中发现，63.47% 的管理者认为自新一轮集体林权制度改革以来，林改以后二代林的质量已经远远不如改革之前集体经营林地的质量，他们普遍认为这是由于分散的林农对造林、抚育不够重视，其经营投入不足造成的。

对于采伐活动，由于限额采伐制度的实施，仅有 13.28% 的农户在林改以后进行过采伐。当问及农户采伐意愿时，若无采伐限额的限制，农户在采伐时考虑的主要因素是林木的价格，其次才是树木的成熟度。由此可以看出，采伐限额在控制森林资源消耗方面的确有着一定的约束作用。

4.3.2 林改后森林经营形式和规模变化及其影响

福建集体林权制度将集体林木所有权和经营权、林地使用权落实到多个经营主体，形成了林业经营主体多元化，经营形式多样化格局。从三明市林权制度改革的情况来看，根据林业部门的统计数据，截至 2013 年三明市林地确权的主要形式如表 4 - 10 所示。从表 4 - 10 中可以看出，三明市林地的确权方式多样，因此就形成了单户、联户、股份经营、集体统一经营、大户经营为主的多样化的经营形式。从表中可以看出，三明市目前单户和联户经营的比例最大。实际调研中也发现，林改以后三明市的森林经营形式逐渐从以单户经营向联户、合作社经营等形式转化。

表 4 - 10　三明市林地经营的主要形式

Tab. 4 - 10　The main form of forest land management in Sanming City

统计区域	已确权总面积	自留山面积	均山到户面积	联户承包面积	集体股份经营面积	集体统一经营面积	大户承包面积	其它形式经营面积
	万亩	万亩	万亩	万亩	万亩	万亩	万亩	万亩
三明市合计	1819.3	162.6	448.1	450.4	81.5	129.0	193.9	353.9
梅列区	32.0	1.8	4.8	9.6	4.6	8.9	0.9	1.5
三元区	64.5	7.8	30.2	—	—	—	11.4	15.1
明溪县	108.8	18.8	8.0	21.2	6.1	4.6	5.3	45.0
清流县	134.8	15.6	13.8	48.1		8.5	6.0	42.9
宁化县	246.2	11.0	87.9	67.1		11.8	23.5	44.9
大田县	152.4	3.4	—	115.3	—	7.4	—	26.4
尤溪县	254.8	30.0	47.3	76.6	11.5	16.3	29.0	44.2
沙县	135.9	20.2	56.9	7.6	11.5	24.5	8.3	7.0
将乐县	190.6	6.3	23.6	52.0	10.0	13.5	27.6	57.7
泰宁县	173.6	20.7	27.3	25.9	—	14.1	57.1	28.5
建宁县	128.7	16.8	55.9	1.9	28.3	8.7	15.2	1.8
永安市	197.0	10.4	92.3	25.0	9.5	10.9	9.8	39.1

　　三明市林改以后出现了多种经营形式，但每种经营形式的经营特点有所不同，因此不同经营形式下农户的森林经营活动对森林生态系统产生的影响也会有所不同。（1）一般的单户经营林地较分散，规模较小，林地的细碎化可能会对森林生态系统产生不利影响。但在调研中发现，分散的单户经营中，往往有

"林业三定"时期的自留山和责任山,这部分山林多为混交林,与林改以后新造的人工纯林相比,其生态系统多样性较好。(2)对于联户经营的林地,有家庭式联户经营和小组联户经营两种形式。家庭式联户经营是林改分林到户以后林农自愿地由几个家庭相互联合形成的经营形式。而小组联户多是由于历史问题在林改以后无法分林到户而采用的"确权到小组",小组所有成员为共同体的经营形式。但无论哪种联户,其经营的规模都不会很大,但相对于单户经营而言,这种经营方式可以降低成本、抵御风险。因此这种情况下的森林资源质量要相对较好。(3)对于大户经营而言,往往是通过林地流转实现的。这种经营形式下林地相对集中,且规模较大。由于承包林地的大户具有一定的资金和经营能力,相对于普通的农户而言,其在森林经营活动的投入方面会更加科学合理,其森林经营的效果会更好,这更有利于森林生态系统的维护。(4)对于合作组织经营的形式而言,森林资源经营往往具有规模化、集约化特点,这种形式下森林经营活动比较专业和规范,森林质量往往较好。但林地以人工纯林为主,且经营的目标多是追求经济利益。如表4-11所示。

表4-11 不同经营形式的特点

Tab. 4-11 The characteristics of the different operating forms

经营形式	特点	经营活动特点
单户经营	林地分散、规模小	经营积极性高、经营能力低。可能为纯林,也可能为混交林经营
联户	家庭式联户;分林到小组的联户经营主体为以林农为主的共同体	共同经营林地,降低成本,抵御风险的能力较高。多为纯林经营,有少量混交林
大户	林地相对集中,且规模相对较大	经营行为比较规范,森林资源质量一般较好。多为纯林经营
合作组织	森林资源经营具有规模化、集约化特点	资源经营专业化、规范化,森林资源质量较好。但多为纯林经营

4.3.3 林改后森林经营规模变化及其影响

随着经营形式的多元化,三明市森林资源经营也逐渐向规模化转变。但在实地调研中发现，从目前三明市规模化经营的运行机制来看，这种规模化的发展是受市场经济引导的。经营主体产生的扩大经营规模的需求是规模化经营的驱动力，而林改提供的各项改革政策为规模化提供了制度基础，在这样的情况下，就使林农自发地形成了合作，扩大了经营的规模（如图 4 – 13 所示）。但在实际调研中发现，林改以后出现规模化经营需求的往往是林业经营大户，或者经营资本和能力较强的农户。而一般的分散经营的普通农户林改以后进行规模化经营往往是被动式的加入股份林场或者合作组织。

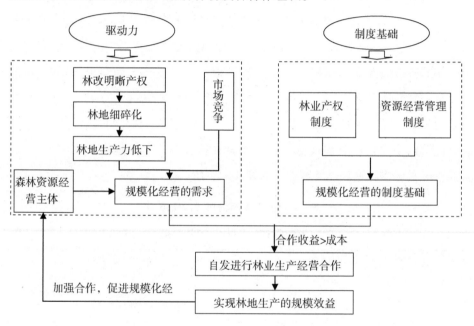

图 4 – 13 林改以后林地规模化经营运行机制

Fig. 4 – 13　Forest land scale management operation mechanism after forest tenur reform

实践中，这种规模化经营在森林资源经营方面也有利有弊。第一，经营规模的扩大有利于实现林业的集约化经营，可以统一进行生产、经营和管理，从而降低林业经营的成本。第二，林业经营规模的扩大，能够在经营过程中更方便引入新技术、推广新成果，从而促进林业的快速发展。第三，一定的规模化经营能够提高森林生态系统的稳定性和抵抗力，集中进行防火、病虫害防治，从而使森林资源得到有效的保护。其主要的缺陷是：有些规模化经营不是农民自发形成的，而是在林改时由于历史遗留问题而强制进行的规模化经营。在这种情况下，农民没有经营管理自主权，容易引起矛盾和纠纷，从而导致森林资源无法在保证期正常经营。二是个别村干部随意处置集体森林资源，甚至以权谋私大肆侵吞集体资产，农民利益得不到保证，缺乏经营积极性。

林业合作组织是目前三明市规模化经营的主要形式，截止到 2012 年年末，三明市已经形成了各种类型的林业合作组织共 895 个，涉及 5.05 万户农户，合作组织经营林地面积达到了 337.45 万亩，三明市及各区县合作组织发展情况详见表 4 – 12 所示。

表 4 – 12 三明市及各区县林业合作组织情况

Tab. 4 – 12 The construction of each county's forest cooperation

organization in Sanming City

统计区域	林业合作组织个数（个）	加入合作组织的农户数（万户）	合作组织经营林地面积（万亩）
三明市合计	895	5.05	337.45
梅列区	1	0.03	0.05
三元区	29	0.30	16.59
明溪县	77	0.23	17.22
清流县	9	0.10	55.00
宁化县	26	0.15	12.39
大田县	67	0.39	29.38
尤溪县	89	0.90	39.60
沙县	41	0.02	24.00
将乐县	11	0.22	5.78
泰宁县	38	1.30	31.24
建宁县	5	0.65	6.60
永安市	502	0.76	99.60

数据来源：实地调研资料。

4.4 本章小结

本章从制度原理的视角，探讨了林改以后制度变化对森林生态系统的影响。林改和森林生态系统演进之间是对立统一的关系，既相互促进又存在着一定的矛盾和冲突。从林改对森林生态系统的影响机制来看，森林生态系统演进主要受内部驱动力和外部驱动力的影响，内部驱动力是由森林生态系统的自身变化形成的；外部驱动力则是由于林改后森林资源经营主体行为变化带来的，即林农的经营活动对森林生态系统的影响。三明市集体林权制度改革主要是通过新的制度安排对森林资源经营主体的各种具体的经营活动产生影响，进而通过这些人为活动对森林生态系统产生了影响。

森林可持续经营的根本目标是提升森林质量，进而改善森林生态系统的功能。因此对照森林可持续经营评价的相关标准，可以判断林改制度变化下的经营活动是否会对森林生态系统可持续经营产生影响。三明市林权制度改革以后，所有权、使用权、管理权、利益分配四个方面的制度发生了变化。通过本章的分析发现，这四个方面的制度变化可能会对森林生态系统产生影响，具体如下：

第一，林改以后所有权的变化体现在两个方面：森林资源经营主体的具体化和经营客体（林地）的细碎化。而这些变化对森林生态系统可能产生的影响可以归结为：（1）经营主体的具体化造成林农造林数量的增多，从而对森林资源的数量增加、森林生态系统的生产力有一定影响。（2）经营对象的分散化和细碎化可能对森林生态系统的生物多样性、健康与活力产生一定的影响。

第二，使用权制度变化以后，林农能够根据自己的意愿对林地进行经营，或将林地作为一种资源资产进行使用。但由于使用权的行使过程中存在很多问题，可能导致对森林生态系统的影响。这些影响具体表现在：（1）林权证的使用中存在诸多问题，林农通过林权证行使使用权的意识不高，且由于管理的问题林权证使用十分不便，不能很好地发挥其作为森林资源资产凭证的作用。因此虽然使用权得到了明确，却仍然难以解决经营主体分散和林地细碎化等问题，对森林生态系统的健康活力、生物多样性都存在着潜在的威胁。（2）林地流转的不规范、林地流转目的趋于追求经济利益等问题，会造成林农对森林资源经营的粗放和不合理，甚至可能减少用材林面积。频繁的流转以及缺乏评估和监管，难以保证森林资源的质量。

第三，林改以后由于森林资源经营主体发生了变化，管理权制度就必然发生变化。使用权制度变化的影响可以归结为：（1）管理对象数量骤然增加，大大增加了林业部门的管理成本，因此在有限的林政管理资源下难以对森林资源经营活动进行有效的引导和监管。而林农经营能力不足造成了造林密度过大、抚育效果差、森林病虫害增加等问题。（2）采伐管理制度成本也大大增加，且林改后采伐缺乏对树种结构的考虑，造成了阔叶林的减少和林种结构的失衡。

第四，利益分配与调整制度变化对森林生态系统可能产生的影响具体表现为：（1）流转、合作等经营行为能够促进资源的聚集，一定规模的森林资源经营能够提高森林生态系统的生产力，同时有利于病虫害防治。（2）生态公益林补偿与管护制度是分类经营原则下对森林资源的严格保护，有利于增加生态系统的稳定性，但对于公益林严格的限制会减少林产品的产出。

以上制度变化通过作用于林农的经营行为，对森林生态系统产生了诸多影响。而制度发生变化时，以农户为主体的森林经营的内容、经营形式、经营规模也会发生相应的变化，这些森林资源经营方面的变化也会通过具体的经营行为，对森林生态系统产生影响，具体如下：

第一，从林农经营内容的变化来看，林改以后林农会根据自己的森林资源经营需求做出相应的行为选择（造林、抚育、采伐、病虫害防治等）。林改以后，农户大量造林，但在选择造林树种时，都以经济效益高的树种为主，没有考虑生态保护的因素。而林改以后农民造林后，在抚育、病虫害防治方面的投入又不足，这就造成了林改以后二代林质量有所下降。

第二，三明市林改以后出现了多种经营形式，但每种经营形式的经营特点有所不同，因此不同经营形式下农户的森林经营活动对森林生态系统产生的影响也会有所不同。单户经营比较分散，林地细碎化程度高，但农户的自留山仍然多为混交林，没有被大量的人工纯林置换。联户、股份经营、合作组织经营等形式都形成了一定的规模，相对于单户而言抵御自然灾害能力较强，但这些经营形式都出现了大量的人工纯林，可能会改变区域内森林生态系统结构。

第三，随着经营形式的多元化，三明市森林资源经营方式也逐渐向规模化转变。这种规模化经营在森林资源经营方面也有利有弊，好的方面是可以降低经营成本、提高抵御风险的能力，尤其是近年来三明市合作组织的快速发展，给森林资源可持续经营提供了诸多技术和服务。但规模化经营的缺陷在于林改以后的规模化经营多是以追求经济收益为目的的，集约化的经营导致了混交林、天然林被大量的人工林置换。同时，有些规模化经营不是农民自发形成的，而是在林改时由于历史遗留问题而强制进行的规模化经营，这种情况下，农民没有经营管理自主权，容易引起矛盾和纠纷，从而导致森林资源无法在保证期正常经营。

综上可以看出，制度变化及制度带来的行为变化最终会对森林生态系统产生如下影响。如表 4 - 13 所示。

表 4 - 13　制度的变化及其产生的影响

Tab. 4 - 13　Institutional change and its impact

项目	变化内容	对森林生态系统的影响
所有权制度	经营主体具体化 经营客体细碎化	森林资源数量增多；用材林增多生态斑块细碎化
使用权制度	使用权难落实 流转不规范	生物多样性；用材林减少 抵抗力、恢复力下降
管理权制度	管理对象骤然增加 采伐制度不合理	造林密度过大；病虫害加剧 林种结构失衡；阔叶林减少
利益分配制度	扩大经营规模 公益林补偿与管护	提高生产力，增加系统稳定性；减少林产品产出
经营的变化	经营内容、经营形式、经营规模	森林生态结构、抵抗力和稳定性下降

5　林改前后三明市生态系统变化特征及评价

林权制度改革的根本目标是林农收入的提高和生态安全的保障。三明市林改以后农民的林业收入得到了提高，但林改对于整个区域的生态是否有所影响，影响如何，是林改进行到现阶段更应该关注的问题。林改生态目标的实现，可以从两个方面理解，一是林改的实施要对整个区域的生态做出贡献，二是林改以后森林生态系统本身要有所改善。

林改以后，无论是制度政策的设计与实施，还是农民的森林资源经营行为，究竟对生态系统产生了何种影响？对这一问题的探讨，其前提是要科学和客观地认识三明市的生态系统格局的变化和演进，特别是森林生态系统在林改时间范围内的变化特点。尽管一个区域的生态系统变化是一个复杂的过程，可能受到诸多因素的影响，但三明市作为典型的南方集体林区，该区域的资源特点决定了在整个区域生态系统的演进过程中森林生态系统将发挥主导作用。在集体林权制度改革的背景下，三明市生态系统的演进必然与制度改革存在一定的关联。因此对三明市生态系统和森林生态系统的变化和演进特征进行分析与评价，能够为进一步探讨生态系统变化与林权制度改革关联性提供较为科学和客观的事实依据。

林权制度改革对森林生态系统的影响是通过改革带来的人为活动的变化产生的。以往的研究表明，人类活动对生态系统的影响一般有三种方式：一是人类活动通过改变地球环境影响生态系统；二是人类活动通过改变生态系统结构影响生态系统；三是人类活动通过改变生物地球化学循环影响生态系统（郑华，2003）。一种人类活动方式可能通过这三条途径中的一条或几条对生态系统产生影响。集体林权制度改革作为一种土地产权制度改革，其所带来的人类活动的变化，其最直接的体现就是生态系统结构的变化。因此，通过对生态系统结构客观的变化和演进过程进行分析和评价，是研究林改与森林生态系统的关联及其影响的有效途径。

　　本章将基于景观生态学的相关理论，利用遥感解译的土地利用数据，对三明市林改前后的生态系统构成与格局变化进行评价，分析该区域生态系统整体演进及森林生态系统的演进过程。虽然这种生态系统格局的变化和演进并不一定是由林权制度改革直接导致的结果，但这种基于遥感解译的土地利用数据进行的生态系统变化评价的结果，能够为本研究提供一个客观的事实基础。在景观生态学评价的基础上，可以把林改以后造成的生态系统格局以及森林生态系统的变化结果与林权制度改革现实政策的实施、林权制度改革造成的农户森林资源经营行为做关联分析，探讨这种生态格局变化的原因，以及今后可能出现的变化趋势。这样的关联分析，能够使整个研究更加具有科学性。

5.1　生态系统格局变化评价思路与依据

　　集体林权制度改革以后，三明市林业得到了迅速的发展。森林资源数量快速增长的同时，森林生态系统是否也得到了提升和健康稳定的发展，是林权制度改革生态目标实现的关键，也是林改以后三明市林业发展的重要问题。随着人类社会的不断发展，人类生存环境中的生态系统也会随之发生变化。森林生态系统作为陆地上最重要的生态系统，其具有复杂性，也具有自身发展和演替的特点和规律。森林生态系统是陆地生态系统的重要组成部分，它的演替是与其他陆地生态系统共同变化的过程。

　　生态系统的构成是指全国或一定区域内的森林、草地、湿地、农田、荒漠、城市等生态系统的面积及其所占的比例。生态系统格局是指某一区域范围内各类生态系统构成的空间格局，即不同类型的生态系统在空间上的配置。本章对三明市的生态系统构成与格局进行评价的目标，是为了了解三明市不同生态系统类型在空间上的分布与配置、数量上的比例等状况，并在此基础上分析各类型生态系统之间相互转化的特征。

5.1.1 本章的研究思路

三明市具有森林资源丰富的特点，森林生态系统在三明市生态格局中占有重要地位。本章将基于生态系统格局的视角，对三明市林改前期、林改初期、深化林改时期的生态系统格局变化进行分析与评价，并在此基础上分析森林生态系统在林权制度改革背景下变化的特征，进而探讨集体林权制度改革的实施与三明市生态格局变化的关系及其影响。因此，本章的研究主要希望解决四个问题：

（1）林改前后三明市整个区域的生态系统构成、特点以及变化情况如何？

（2）林改前后三明市森林生态系统的变化构成、特点以及变化情况如何？

（3）林改前后生态系统、森林生态系统的这些变化是好是坏？

（4）生态系统、森林生态系统变化特点、变化结果与林改存在哪些关联？

基于以上问题，本研究也从四个方面进行评价与分析，前三个方面是对生态系统和森林生态系统的变化进行客观的分析与评价。第四个方面是基于前面的评价结果，分析和探讨林权制度改革与森林生态系统变化之间的关联关系，本章评价的基本思路如图 5-1 所示。

5.1.2 评价时间范围的确定

本章对三明市生态系统构成与格局进行评价时，选取了 2000 年、2005 年、2010 年三个年份三明市的土地覆被数据作为评价的时间和空间范围。数据来源主要是利用遥感解译获取的三明市 2000 年、2005 年、2010 年各类土地覆被类型与分布数据。三明市集体林权制度改革从 2003 年开始实施，2006 年完成了主体改革工作，之后进入了改革的深化阶段。因此从三明市林改推进的时间来看，本研究选取的三个年份分别为集体林权制度改革实施准备阶段、改革全面推进阶段和深化改革阶段。如图 5-2 所示。

5.1.3 生态系统分类依据

基于遥感数据的土地利用覆盖数据，对生态系统构成与格局进行分析和评价，分类的依据是以生态系统为对象，考虑植被类型特征，设计土地覆盖分类

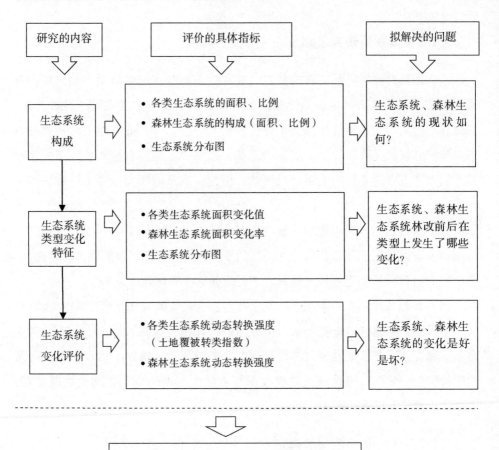

图 5 - 1　本章的研究思路

Fig. 5 - 1　The research approach of this chapter

体系，从而能够反映生态系统类型的动态变化情况。根据全国生态环境 10 年动态监测技术要求，设计的遥感土地覆盖分类系统如表 5 - 1 所示。该表采用土地覆盖分类体系，将生态系统类型进行分类，其中，一级生态系统为 7 类，二级生态系统为 30 类。具体各类土地覆盖类型的含义及解释详见附录一。

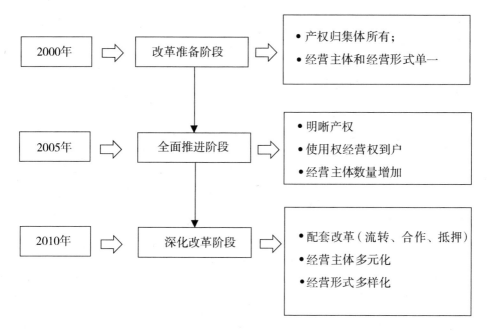

图 5 - 2　生态系统评价时间范围与集体林权制度改革的关系

Fig. 5 - 2　Relationship between ecosystem evaluation time range and the collective forest right system reform

表 5 - 1　生态系统分类体系表

Tab. 5 - 1　Ecosystem classification system

一级分类		二级分类	
编码	名称	编码	名称
1	森林	11	常绿阔叶林
		12	落叶阔叶林
		13	常绿针叶林
		14	落叶针叶林
		15	针阔混交林
2	灌木	21	常绿灌丛
		22	落叶灌丛
3	草地	31	草甸
		32	草原
		33	草丛

一级分类		二级分类	
编码	名称	编码	名称
4	湿地	41	森林沼泽
		42	灌丛沼泽
		43	草本沼泽
		44	湖泊
		45	水库/坑塘
		46	河流
		47	运河/水渠
5	耕地	51	水田
		52	旱地
		53	园地
6	人工表面	61	居住地
		62	工业用地
		63	交通用地
7	裸露地	71	稀疏植被
		72	苔藓/地衣
		73	裸岩
		74	裸土
		75	沙漠/沙地
		76	盐碱地
		77	冰川/永久积雪

5.1.4　评价指标

本章对生态系统格局的评价，参照了《全国生态环境十年变化（2000—2010 年）遥感调查与评估项目》中对生态格局变化的评价指标和评价方法。根据生态十年评估的技术指南中对生态系统构成与格局变化的评价指标，构建了三明市生态系统格局评价指标体系，如表 5 - 2 所示。

表 5 – 2 三明市生态系统格局及变化评价指标

Tab. 5 – 2 Evaluation index of ecosystem structure and change in Sanming City

评价内容	评价指标
生态系统构成	生态系统面积
	生态系统类型构成比例
生态系统构成变化	生态系统类型面积变化率
各类型之间相互转换特征	生态系统类型变化方向（各类型转换矩阵）
	生态类型相互转化强度（土地覆被转类指数）

（1）生态系统面积

土地覆被分类系统中，一级分类、二级分类各类生态系统面积统计值（单位 km^2）。

（2）生态系统构成比例

$$P_{ij} = \frac{S_{ij}}{TS}$$

其中：

P_{ij}：该区域内的第 i 类生态系统在第 j 年的面积比例；

S_{ij}：该区域内的第 i 类生态系统在第 j 年的面积；

TS：评价区域土地总面积。

（3）生态系统类型面积变化率

某一区域在一定时间范围内，某一类型生态系统的数量变化情况。该指标用于分析每一种类型的生态系统在研究时间范围内面积的变化量。其具体计算方法为：

$$E_V = \frac{EU_b - EU_a}{EU_a} \times 100\%$$

其中：

E_V：研究时间范围内某一种类型的生态系统面积的变化率；

EU_a：研究期初的某一种类型生态系统的数量（面积、斑块数等）

EU_b：研究期末的某一种类型生态系统的数量（面积、斑块数等）；

（4）各生态系统类型变化方向（生态系统类型转移矩阵）

分析各类生态系统的变化方向，是借助生态系统类型转移矩阵来实现的。

生态系统类型转移矩阵可以反映不同时期的土地类型的转移变化数量情况。通过转移矩阵可以了解研究时间范围内各类生态系统增加和减少的去向。

在转移矩阵计算的基础上，可以进一步计算各类生态系统的转移比例，计算的具体方法如下：

$$A_{ij} = a_{ij} \times 100 / \sum_{j=1}^{n} a_{ij}$$

$$B_{ij} = a_{ij} \times 100 / \sum_{i=1}^{n} a_{ij}$$

$$变化率（\%） = \left(\sum_{i=1}^{n} a_{ij} \right) / \sum_{j=1}^{n} a_{ij}$$

其中：

①i表示研究初期某一斑块的生态系统类型；

②j表示研究末期某一斑块的生态系统类型；

③a_{ij}表示生态系统类型的面积；

④A_{ij}表示研究期初为第i种类型，期末变为第j种类型的生态系统的比例，是第i种土地类型向其他类型流失的比例；

⑤B_{ij}表示研究期末为第j种生态系统，且是由期初的第i种类型转换而来的比例，是第j种土地类型由其他类型土地转换而来的比例。

（5）生态系统类型相互转化强度

在研究各个生态系统类型相互转化强度时，采用了土地覆被转类指数（Land Cover Change Index）来进行分析。该指数是通过一定时间范围内，区域所有土地斑块转换的强度，判断生态系统综合功能变好和变差的情况。

$$LCCI_{ij} = \frac{\sum \left[A_{ij} \times (D_a - D_b) \right]}{A_{ij}} \times 100\%$$

土地覆被转类指数（$LCCI_{ij}$）计算公式如下：

其中：

①$LCCI_{ij}$表示某研究区域内土地覆被类型的转换指数；

②i表示研究区域；

③j表示土地覆被类型（即生态系统类型），$j = 1, \cdots, n$；

④A_{ij}表示某研究区域土地覆被一次转类的面积；

⑤D_a 为土地覆被转类前之前级别；

⑥D_b 为土地覆被转类前之后级别。

5.2 生态系统构成特征与分布

5.2.1 生态系统构成特征与分布

在对三明市的生态系统构成与比例变化进行分析时，采用"生态系统面积"和"生态系统面积比例"两个指标，分别对一级生态系统和二级生态系统的面积和比例进行计算，统计和分析一级、二级生态系统在2000年、2005年和2010年三个年份的状态值。各生态系统类型面积比例的计算方法为：某生态系统类型面积/全部生态系统类型的总面积。

5.2.1.1 一级生态系统构成特征分析

根据生态系统分类标准（详见附录一）和遥感解译的土地利用类型数据，三明市一级生态系统包括森林、灌木、草地、湿地、耕地、人工表面、裸露地七个类型。对研究所获取的三明市土地覆被数据进行计算，得到三明市各类一级生态系统的面积和比例，如表5-3所示。从统计和计算结果看出，2000年、2005年和2010年森林生态系统的面积均超过了77%，这说明了森林生态系统在三明市生态系统类型中占主导地位。因此对三明市森林生态系统进行研究有十分重要的意义。

表 5 - 3　三明市一级生态系统构成特征

Tab. 5 - 3　**Primary ecological system characteristics of Sanming City**

一级生态系统		2000		2005		2010	
		面积（km²）	比例（%）	面积（km²）	比例（%）	面积（km²）	比例（%）
A1	森林	17407.04	77.44%	17517.03	77.93%	17555.90	78.10%
A2	灌木	2711.80	12.06%	2653.93	11.81%	2520.48	11.21%
A3	草地	223.25	0.99%	220.40	0.98%	224.05	1.00%

续表 5 – 3

	一级生态系统	2000		2005		2010	
		面积（km²）	比例（%）	面积（km²）	比例（%）	面积（km²）	比例（%）
A4	湿地	176. 84	0. 79%	186. 87	0. 83%	214. 35	0. 95%
A5	耕地	1764. 01	7. 85%	1642. 53	7. 31%	1627. 01	7. 24%
A6	人工表面	193. 71	0. 86%	252. 00	1. 12%	335. 82	1. 49%
A7	裸露地	1. 76	0. 01%	5. 59	0. 02%	0. 76	0. 00%

5.2.1.2 二级生态系统构成特征分析

根据生态系统分类（详见附录一）标准和遥感解译的土地利用类型数据，三明市二级生态系统包括常绿阔叶林、常绿针叶林、针阔混交林、乔木园地等19个二级生态系统类型。对研究所获取的三明市土地覆被数据进行计算，得到三明市各类二级生态系统的面积和比例，如表 5 – 4 所示。从各类二级生态系统所占比例来看，常绿针叶林所占比例最高，其次为常绿阔叶林、常绿阔叶灌木林。若仅仅从森林生态系统的各类二级生态系统的构成来看，三明市森林生态系统主要以常绿针叶林为主，其次为常绿阔叶林，针阔混交林和乔木园地的面积和比例较小。如图 5 – 3 所示。

表 5 – 4 三明市二级生态系统构成特征

Tab. 5 – 4 Secondary ecological system characteristics of Sanming City

	二级生态系统	2000		2005		2010	
		面积（km²）	比例（%）	面积（km²）	比例（%）	面积（km²）	比例（%）
B1	常绿阔叶林	6298. 10	28. 02%	6278. 66	27. 93%	6299. 02	28. 02%
B2	常绿针叶林	10967. 12	48. 79%	11096. 08	49. 36%	11115. 74	49. 45%
B3	针阔混交林	138. 14	0. 61%	138. 55	0. 62%	137. 31	0. 61%
B4	乔木园地	3. 68	0. 02%	3. 74	0. 02%	3. 82	0. 02%
B5	常绿阔叶灌木林	2708. 87	12. 05%	2642. 46	11. 76%	2520. 37	11. 21%
B6	灌木园地	2. 93	0. 01%	11. 47	0. 05%	0. 10	0. 00%

续表 5 - 4

二级生态系统		2000		2005		2010	
		面积(km²)	比例(%)	面积(km²)	比例(%)	面积(km²)	比例(%)
B7	草丛	223.25	0.99%	220.40	0.98%	224.05	1.00%
B8	草本沼泽	1.34	0.01%	1.34	0.01%	1.59	0.01%
B9	灌丛沼泽	0.91	0.00%	1.02	0.00%	1.06	0.00%
B10	河流	158.09	0.70%	166.02	0.74%	191.04	0.85%
B11	水库/坑塘	16.50	0.07%	18.49	0.08%	20.66	0.09%
B12	旱地	502.72	2.24%	430.54	1.92%	447.89	1.99%
B13	水田	1261.29	5.61%	1211.99	5.39%	1179.12	5.25%
B14	采矿场	7.15	0.03%	10.26	0.05%	22.82	0.10%
B15	工业用地	6.23	0.03%	11.29	0.05%	25.34	0.11%
B16	交通用地	16.71	0.07%	32.33	0.14%	49.54	0.22%
B17	居住地	163.60	0.73%	198.13	0.88%	238.11	1.06%
B18	裸土	1.71	0.01%	5.54	0.02%	0.70	0.00%
B19	裸岩	0.06	0.00%	0.06	0.00%	0.06	0.00%

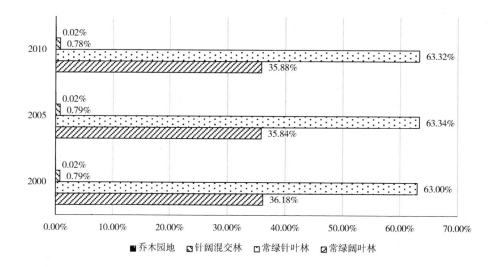

图 5 - 3 三明市森林生态系统构成比例

Fig. 5 - 3 Forest ecosystem composition proportion of Sanming City

5.2.2　三明市生态系统分布情况

对三明市生态系统类型与分布现状进行分析，需要分别统计2000年、2005年、2010年三明市一级、二级生态系统类型的面积以及在空间上的分布。本研究使用 ARCGIS 10.0 软件对遥感解译的三明市土地覆被数据进行计算，并绘制三明市土地覆被一级分类图（图5-4至图5-6）。从图中可以看出，三明市生态系统以森林生态系统为主，且南北区域的森林覆被状况较好，三明市东部和西部两翼的森林覆被相对较少。在研究的实践范围内，三明市生态系统格局从图上观察变化并不十分明显，其他生态系统所占面积较小，这与三明市森林生态系统面积比例较有关，因此很难从图中直观地看出生态系统格局的变化。

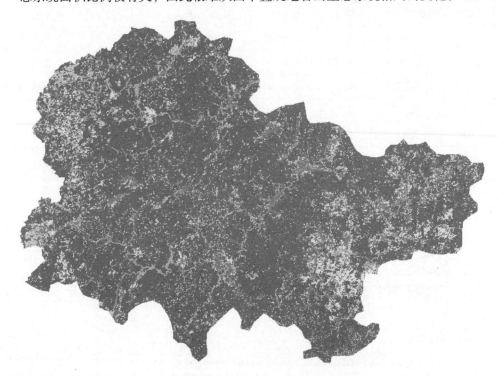

图 5 - 4　三明市 2000 年一级生态系统分类图

Fig. 5 - 4　Primary ecosystem classification figure in 2000 of Sanming City

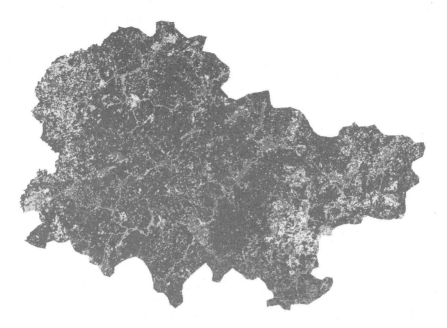

图 5 – 5　三明市 2005 年一级生态系统分类图

Fig. 5 – 5　Primary ecosystem classification figure in 2005 of Sanming City

图 5 – 6　三明市 2010 年一级生态系统分类图

Fig. 5 – 6　Primary ecosystem classification figure in 2010 of Sanming City

5.3　生态系统类型变化特征分析

5.3.1　各类型生态系统变化及特征分析

5.3.1.1　一级生态系统变化及特征分析

在前面对 2000 年、2005 年、2010 年三个年份的一级生态系统面积构成统计结果的基础上，分别对三明市各类一级生态系统的面积变化进行计算（如表 5 - 5 所示）。由计算结果可以发现，从一级生态系统面积变化的绝对值来看（如表 5 - 5 和图 5 - 7 所示），2000—2005 年、2005—2010 年、2000—2010 年三明市森林生态系统和人工表面的面积增加十分明显；而灌木和耕地面积则明显减少；湿地面积稍有增加，草地面积则先减少后增加。而从各类一级生态系统的面积变化率来看（如表 5 - 5 和图 5 - 8 所示），人工表面增加得最为明显；耕地和灌木减少、湿地增加都表现得比较明显；而森林生态系统的变化率较小。由此可见，虽然森林生态系统的面积增加明显，但由于其基数大，变化率并不十分明显。灌木和耕地生态系统的面积变化量和变化率都有明显的减少趋势，说明这两个生态系统在整体生态系统中所占比例明显变小。相反地，人工表面的增加最为明显，尤其是从变化率来看，2000—2005 年、2005—2010 年人工表面的增加率都达到了 30% 以上，其变化率远远大于其他生态系统。

表 5 - 5　三明市一级生态系统类型面积变化及变化率

Tab. 5 - 5　Primary ecosystem types change of aera and the rate in Sanming City

	一级生态系统	2000—2005 年		2005—2010 年		2000—2010 年	
		面积变化（km²）	变化率（%）	面积变化（km²）	变化率（%）	面积变化（km²）	变化率（%）
A1	森林	109. 99	0. 63	38. 87	0. 22	148. 86	0. 86
A2	灌木	− 57. 87	− 2. 13	− 133. 45	− 5. 03	− 191. 32	− 7. 06
A3	草地	− 2. 85	− 1. 28	3. 65	1. 66	0. 80	0. 36
A4	湿地	10. 03	5. 67	27. 48	14. 71	37. 51	21. 21

一级生态系统		2000—2005 年		2005—2010 年		2000—2010 年	
		面积变化（km²）	变化率（%）	面积变化（km²）	变化率（%）	面积变化（km²）	变化率（%）
A5	耕地	-121.48	-6.89	-15.52	-0.94	-137.00	-7.77
A6	人工表面	58.29	30.09	83.82	33.26	142.11	73.36
A7	裸露地	3.83	217.61	-4.83	-86.40	-1.00	-56.82

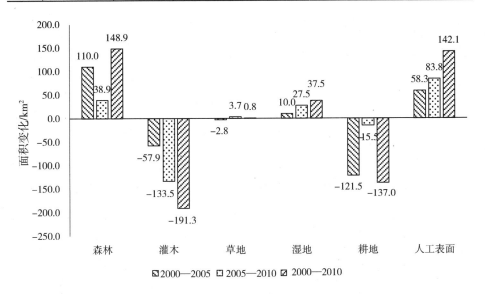

图 5 - 7 三明市一级生态系统各类型面积变化图

Fig. 5 - 7 Each type of area change of the primary ecosystem in Sanming City

从三明市一级生态系统各类型面积变化情况来看，在研究的时间范围内，变化最明显的是人工表面。这与近年来我国社会经济发展、城市化进程的推进有密切的关系。许多研究表明，城市化对生态系统的变化、生态格局变化有十分显著的影响。这种影响的主要原因是，在城市化过程中，随着人口的聚集导致城市用地紧张，就造成了城市向周围地区的迅速扩张，区域内的城市、交通等人工用地就会快速增长，同时会伴随着耕地、林地、草地等土地利用类型的减少。这些变化会对生态系统产生一定的负面影响。有研究表明城市扩张过程中，减少用地多以混凝土为材料，这还会导致地表径流增加以及径流形成时间的提前，从而带来洪涝灾害和土壤侵蚀（周忠学，2011）。城市化的发展同时导

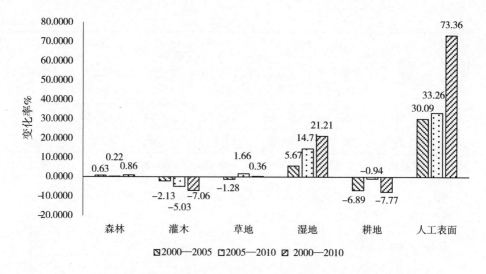

图 5 - 8　三明市一级生态系统各类型面积变化率

Fig. 5 - 8　Each type of area change rate of the primary ecosystem in Sanming City

致了人们对农业用地的需求发生变化。耕地面积减少，转换为其他土地类型，导致土地覆被发生变化，从而使植被覆盖度下降，植被固碳释氧能力下降。虽然城市绿化越来越受重视，但在城市绿化过程中外来物种的入侵也会使城市生物多样性遭受威胁，从而对生态系统造成负面影响。

5.3.1.2　二级生态系统变化及特征分析

在上一节对2000年、2005年、2010年三个年份的一级生态系统面积构成统计结果的基础上，分别对三明市二级生态系统的面积变化的绝对数量和变化率进行计算（如表5-6所示）。从表5-6和图5-9可以看出，整体上与一级生态系统变化情况类似，二级生态系统中变化最明显的是人工表面中的各类二级生态系统（采矿场、工业用地、交通用地、居住用地）面积的大幅度增加。这也是由社会经济发展的现实规律所造成的。在三明市近年来的城市化过程中，由于交通发展的需要、农业和林业生产方式的转变、生态旅游开发等人类活动对交通用地需求不断增加。交通的迅速发展导致了景观的连通性被破坏，导致了生境的破碎化等，由此导致生态系统维持自身服务功能的能力发生了变化（周忠学，2011）。此外，工业的快速发展，带来了大量能源的消耗、化石燃料的使用，加之大量化肥农药的使用，使许多有毒物质、重金属等污染物的排放增多，导致水、土壤、大气等污染加剧。在这些过程中，C、N、P等营养元素的"源"和"汇"被修改,其传输的路径和速率都发生了改变。这些变化直接对生物的生境、生态系统水分和养分的正常传输和循环造成了严重影响,进而对生态系统服务产生了影响(Alberti M,2010)。

表 5 – 6 三明市二级生态系统类型面积变化及变化率

Tab. 5 – 6 Secondary ecosystem types change of aera and the rate in Sanming City

	二级生态系统	2000—2005 年		2005—2010 年		2000—2010 年	
		面积变化(km²)	变化率(%)	面积变化(km²)	变化率(%)	面积变化(km²)	变化率(%)
B1	常绿阔叶林	– 19.44	– 0.09%	20.36	0.09%	0.92	0.00%
B2	常绿针叶林	128.96	0.57%	19.66	0.09%	148.62	0.66%
B3	针阔混交林	0.41	0.01%	– 1.24	– 0.01%	– 0.83	0.00%
B4	乔木园地	0.06	0.00%	0.08	0.00%	0.14	0.00%
B5	常绿阔叶灌木林	– 66.41	– 0.29%	– 122.09	– 0.55%	– 188.50	– 0.84%
B6	灌木园地	8.54	0.04%	– 11.37	– 0.05%	– 2.83	– 0.01%
B7	草丛	– 2.85	– 0.01%	3.65	0.02%	0.80	0.01%
B8	草本沼泽	0	0.00%	0.25	0.00%	0.25	0.00%
B9	灌丛沼泽	0.11	0.00%	0.04	0.00%	0.15	0.00%
B10	河流	7.93	0.04%	25.02	0.11%	32.95	0.15%
B11	水库/坑塘	1.99	0.01%	2.17	0.01%	4.16	0.02%
B12	旱地	– 72.18	– 0.32%	17.35	0.07%	– 54.83	– 0.25%
B13	水田	– 49.3	– 0.22%	– 32.87	– 0.14%	– 82.17	– 0.36%
B14	采矿场	3.11	0.02%	12.56	0.05%	15.67	0.07%
B15	工业用地	5.06	0.02%	14.05	0.06%	19.11	0.08%
B16	交通用地	15.62	0.07%	17.21	0.08%	32.83	0.15%
B17	居住地	34.53	0.15%	39.98	0.18%	74.51	0.33%
B18	裸土	3.83	0.01%	– 4.84	– 0.02%	– 1.01	– 0.01%
B19	裸岩	0	0.00%	0	0.00%	0	0.00%

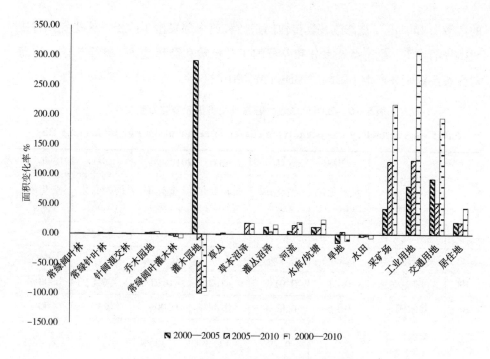

图 5 - 9　三明市二级生态系统面积变化率

Fig. 5 - 9　Each type of area change rate of the secondary ecosystem in Sanming City

从森林生态系统的二级分类的变化情况来看，常绿针叶林（B2）的面积增加数量最大、变化率也最高，尤其是 2000—2005 年期间，常绿针叶林面积增加尤为明显。这是由于 2003 年三明市开始实施林权制度改革以后，集体林以"分林到户"和"分林到小组"的形式分到了农户手中。刚刚获得林地以后农户造林的积极性明显增加，林改初期进行了大量的造林活动。而林改以后森林资源经营主体在进行造林时，多以杉木和马尾松等针叶林为主，因此这一时期的常绿针叶林的面积迅速增加。在所有的二级分类中，常绿阔叶灌木林的变化率最高，旱地、水田、居住地的变化率也相对较高。

5.3.2　生态系统类型转换特征分析

随着三明市社会经济的不断发展和城镇化进程的推进，三明市各类生态系统之间也随着发生了一定的变化。前面通过计算和统计分析，对三明市三个时期的生态系统分布特征和面积变化进行了分析，结果反映出三明市生态系统格局发生了一定变化。这一节将在此基础上，通过对各类生态系统之间的相互转换进行分析和评价，能够更加深入地反映出三明市各类生态系统之间相互转换的特征。为了比较直观地体现各类生态系统之间互相转换的面积大小，本研究将针对三明市2000—2005年、2005—2010年和2000—2010年三个不同时期的土地覆被变化数据，对每类生态系统转化为其它生态系统的面积（一级、二级生态系统）分别进行计算，形成生态系统分布与构成转移矩阵。

5.3.2.1 一级生态系统转换特征分析与评价

首先通过对一级生态系统在三个时期的转换情况进行计算，得到三明市一级生态系统分布与构成转移矩阵（如表5-7所示）。从转移矩阵的计算结果可以看出，除裸露地与其他生态系统的转换面积很小之外，其他一级生态系统之间均发生了互相转换。

表5-7 一级生态系统分布与构成转移矩阵（km²）

Tab. 5-7 The transfer matrix of composition and distribution

of the primary ecosystem（km²）

时期	类型	森林	灌木	草地	湿地	耕地	人工表面	裸地
2000—2005年	森林	17356.85	14.55	7.63	2.61	14.60	9.70	1.10
	灌木	97.95	2592.75	3.22	0.47	13.76	3.27	0.35
	草地	24.88	8.59	185.27	0.67	2.21	1.59	0.03
	湿地	0.04	0.24	0.00	174.62	0.21	1.73	0.01
	耕地	37.26	37.74	24.27	8.50	1611.52	42.28	2.44
	人工表面	0.06	0.06	0.01	0.01	0.05	193.43	0.09
	裸露地	0.00	0.00	0.00	0.00	0.18	0.00	1.58
2005—2010年	森林	17426.58	6.71	9.30	12.79	27.51	34.01	0.13
	灌木	104.33	2506.84	2.35	8.05	11.47	20.89	0.00
	草地	5.15	1.83	210.67	0.00	1.22	1.53	0.00
	湿地	0.88	0.32	0.00	182.21	0.43	3.04	0.00
	耕地	18.57	4.74	1.72	11.03	1585.81	20.27	0.39
	人工表面	0.02	0.00	0.00	0.00	0.01	251.97	0.00
	裸露地	0.37	0.04	0.00	0.28	0.57	4.11	0.23

续表 5-7

时 期	类型	森林	灌木	草地	湿地	耕地	人工表面	裸地
2000—2010年	森林	17312.13	17.96	11.86	13.43	17.47	34.04	0.13
	灌木	197.30	2457.02	5.04	8.32	23.25	20.83	0.00
	草地	26.11	8.83	182.78	0.32	1.37	3.84	0.00
	湿地	0.28	0.27	0.00	172.53	0.30	3.47	0.00
	耕地	19.79	36.38	24.37	19.48	1584.29	79.26	0.44
	人工表面	0.02	0.00	0.00	0.00	0.02	193.67	0.00
	裸露地	0.27	0.02	0.00	0.28	0.31	0.70	0.19

从 2000—2005 年、2005—2010 年、2000—2010 年生态系统主要的转换类型情况从图 5-10 至 5-12 中可以看出，这三个时期内对于一级生态系统而言，灌木转换为森林的这一变化最为明显，说明这一时期森林生态系统的面积得到了明显的增加。分时段的变化可以看出，2000—2005 年这一时期，耕地转换为人工表面、灌木、森林等其他生态系统类型的变化较为明显，这说明在这个时期内，随着社会经济的发展耕地资源逐渐减少，并转化为其他土地类型。这是由于在这一时期内，一方面随着城镇化的不断发展，城市用地的需求越来越强烈，因此一部分耕地就转换为了各类人工表面。另一方面，这一时期开始全面推行集体林权制度改革，这一重大政策的实施导致了三明市造林需求的快速增加，因此一部分耕地就转换成了森林。

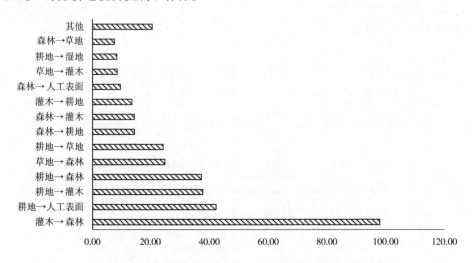

图 5-10　2000—2005 年一级生态系统转换情况

Fig. 5-10　Primary ecosystem transformation from year 2000 to 2005

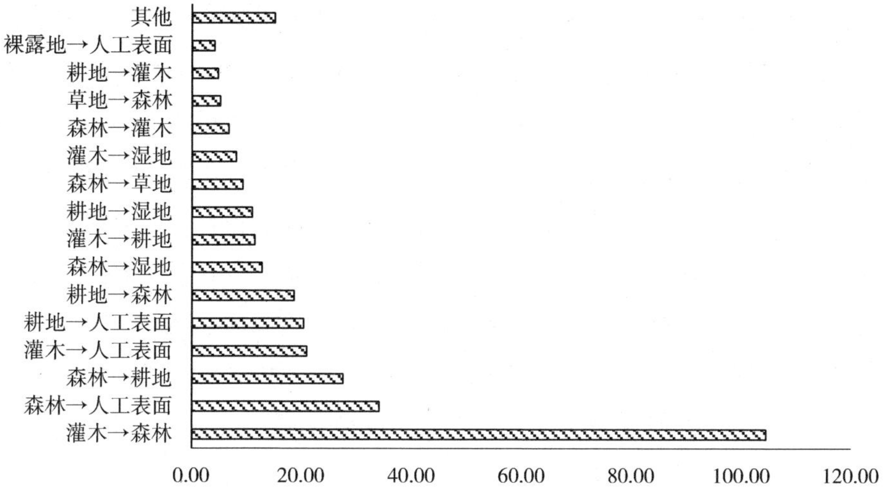

图 5 - 11 2005—2010 年一级生态系统转换情况

Fig. 5 - 11 Primary ecosystem trans formation from year 2005 to 2010

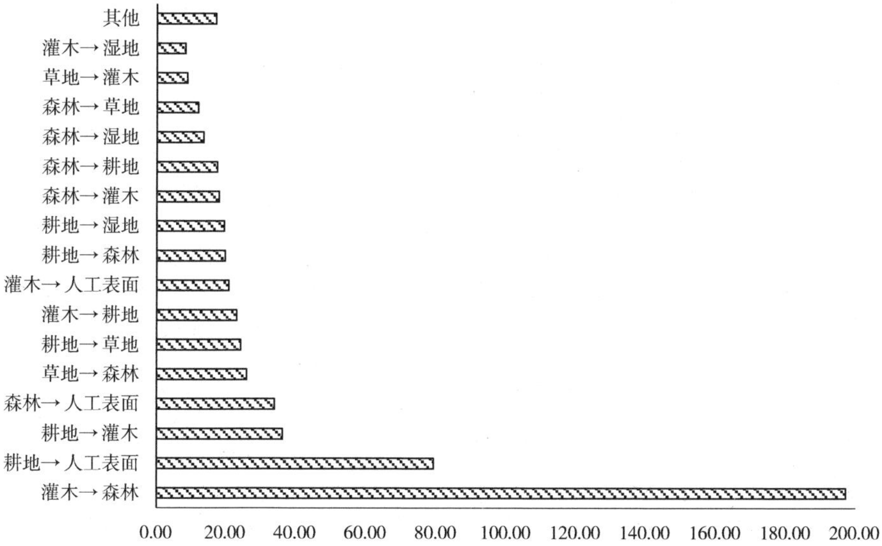

图 5 - 12 2000—2010 年一级生态系统转换情况

Fig. 5 - 12 Primary ecosystem transformation from year 2000 to 2010

5.3.2.2　二级生态系统转换特征分析与评价

通过对三明市二级生态系统在三个时期的转换情况进行计算，得到三明市二级生态系统分布与构成转移矩阵（详见表5-8至5-10）。从转移矩阵的计算结果可以看出，除裸土和裸岩与其他二级生态系统的转换不明显之外，其他二级生态系统之间均发生了互相转换。图中列出了2000—2005年、2005—2010年、2000—2010年三个时期三明市二级生态系统之间转换比较明显的类型。从图5-13至5-15中可以看出，从二级生态系统的整体转换来看，森林生态系统的各类二级生态系统的转换十分活跃，基本上呈现出森林各类二级生态系统与其他二级生态系统之间互相转换的特点。这三个时期内，对于二级生态系统而言，整体上常绿阔叶灌木林向常绿针叶林的转换最为明显。此外，常绿阔叶林向常绿针叶林转换也十分明显。

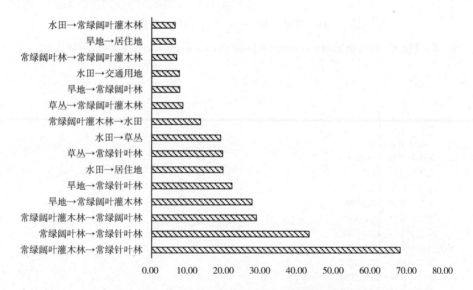

图5-13　2000—2005年三明市二级生态系统转换情况

Fig. 5-13　Secondary ecosystem transformation from year 2000 to 2005 of Sanming City

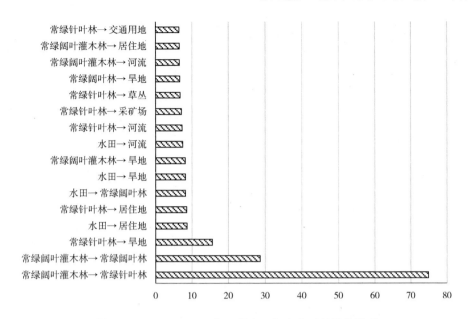

图 5 - 14　2005—2010 年三明市二级生态系统转换情况

Fig. 5 - 14　**Secondary ecosystem transformation from year 2005 to 2010 of Sanming City**

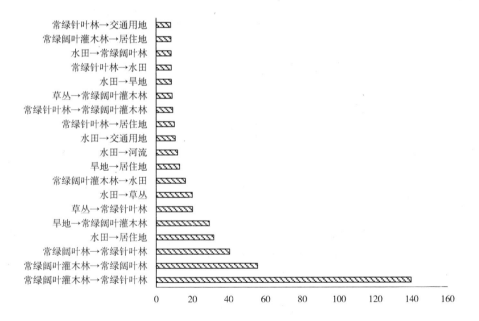

图 5 - 15　2000—2010 年三明市二级生态系统转换情况

Fig. 5 - 15　**Secondary ecosystem transformation from year 2000 to 2010 of Sanming City**

表5-8　2000—2005年二级生态系统分布与构成转移矩阵（km²）

Tab. 5-8　The transfer matrix of composition and distribution of the secondary ecosystem from year 2000 to 2005（km²）

	常绿阔叶林	常绿针叶林	针阔混交林	乔木园地	常绿阔叶灌木林	灌木园地	草丛	草本沼泽	灌丛沼泽	河流	水库/坑塘	旱地	水田	采矿场	工业用地	交通用地	居住地	裸土	裸岩
常绿阔叶林	6233.56	43.09	2.23	—	6.79	1.05	2.30	—	—	0.61	0.03	3.27	1.74	0.03	0.37	1.32	1.18	0.53	—
常绿针叶林	0.24	10935.88	1.18	—	3.24	2.40	5.29	—	—	1.52	0.46	4.35	5.23	0.20	0.32	2.64	3.59	0.57	—
针阔混交林	1.71	2.53	132.78	—	1.07	—	0.02	—	—	—	—	0.01	—	—	—	—	0.02	—	—
乔木园地	—	—	—	3.63	—	—	0.03	—	—	—	—	—	—	—	—	—	0.02	—	—
常绿阔叶灌木林	28.68	67.86	1.32	0.05	2589	1.49	3.21	—	—	0.42	0.05	0.42	13.30	0.11	0.72	0.91	0.97	0.35	—
灌木园地	0.01	0.03	—	—	—	2.28	0.01	—	—	—	—	—	0.04	—	—	0.11	0.45	—	—
草丛	4.96	19.41	0.51	—	8.48	0.11	185.27	—	—	0.44	0.23	0.27	1.94	0.18	0.12	0.31	0.99	0.03	—
草本沼泽	—	—	—	—	—	—	—	1.34	—	—	—	—	—	—	—	—	—	—	—
灌丛沼泽	—	—	—	—	—	—	—	—	0.91	—	—	—	—	—	—	—	—	—	—
河流	—	0.03	—	—	0.03	0.21	—	—	0.01	155.77	0.41	0.02	0.13	0.01	—	0.13	1.32	0.01	—
水库/坑塘	—	—	—	—	—	—	—	—	—	0.04	16.14	—	0.05	—	—	0.03	0.24	—	—
旱地	7.60	21.98	0.48	0.05	27.49	2.33	5.43	—	—	2.88	0.29	419.80	1.10	1.21	1.80	2.68	6.40	1.22	—
水田	1.86	5.24	0.05	—	6.34	1.58	18.84	—	0.10	4.36	0.87	2.38	1188.25	1.38	1.82	7.51	19.49	1.21	—
采矿场	0.01	0.01	—	—	—	—	—	—	—	—	—	—	—	7.14	—	—	—	—	—
工业用地	—	—	—	—	—	—	—	—	—	—	—	—	—	—	6.15	—	—	—	—
交通用地	0.02	0.01	—	—	0.01	0.03	0.01	—	—	—	—	0.01	—	—	—	16.67	0.24	0.07	—
居住地	—	—	—	—	0.02	—	—	—	—	—	—	0.01	0.02	—	—	0.01	163.46	0.02	—
裸土	—	—	—	—	—	—	—	—	—	—	—	0.18	—	—	—	—	—	1.53	—
裸岩	—	—	—	—	—	—	—	—	—	—	—	—	—	—	—	—	—	—	0.06

表 5-9　2005—2010 二级生态系统分布构成与构成转移矩阵（km²）

Tab.5-9　The transfer matrix of composition and distribution of the secondary ecosystem from year 2000 to 2010（km²）

	常绿阔叶林	常绿针叶林	针阔混交林	乔木园地	常绿阔叶灌木林	灌木园地	草丛	草本沼泽	灌丛沼泽	河流	水库/坑塘	旱地	水田	采矿场	工业用地	交通用地	居住地	裸土	裸岩
常绿阔叶林	—	0.91	0.78	—	0.51	—	2.51	0.22	—	4.09	0.06	6.68	1.10	1.17	1.12	2.47	3.70	0.04	—
常绿针叶林	1.23	—	0.02	—	5.85	—	6.79	0.04	—	7.30	1.09	15.61	3.97	7.12	3.20	6.50	8.59	0.09	—
针阔混交林	1.09	1.13	—	—	0.35	—	—	—	—	—	—	0.08	—	—	—	0.03	0.10	—	—
乔木园地	—	—	—	—	—	—	—	—	—	—	—	0.05	—	—	—	—	0.02	—	—
常绿阔叶灌木林	28.64	74.91	0.70	—	—	—	2.35	—	—	6.59	0.44	8.19	1.69	2.11	2.88	2.40	6.59	—	—
灌木园地	—	0.08	—	—	1.77	—	—	—	—	1.01	0.02	1.51	0.07	0.35	0.25	1.89	4.43	—	—
草丛	1.67	3.44	0.05	—	1.83	—	—	—	—	—	—	0.93	0.28	0.01	0.24	0.53	0.74	—	—
草本沼泽	—	—	—	—	—	—	—	—	—	—	—	—	—	—	—	—	—	—	—
灌丛沼泽	—	—	—	—	—	—	—	—	—	—	—	—	—	—	—	—	—	—	—
河流	0.39	0.48	—	—	0.32	—	—	—	0.04	—	0.04	0.40	—	0.10	0.47	0.73	1.72	—	—
水库/坑塘	—	—	—	—	—	—	—	—	—	0.01	—	0.03	—	—	—	0.01	0.01	—	—
旱地	4.40	5.38	0.06	—	4.50	—	0.53	—	—	2.96	0.01	—	8.21	0.42	1.24	0.58	4.13	0.25	—
水田	8.24	0.39	0.10	—	0.24	—	1.19	—	—	7.47	0.58	8.21	—	1.19	2.33	1.73	8.67	0.32	—
采矿场	—	—	—	—	—	—	—	—	—	—	—	—	—	—	—	—	—	—	—
工业用地	—	—	—	—	—	—	—	—	—	—	—	—	—	—	—	0.02	—	—	—
交通用地	—	—	—	—	—	—	—	—	—	—	—	—	—	—	0.01	—	—	—	—
居住地	—	0.02	—	—	—	—	—	—	—	—	—	—	0.01	—	—	—	—	—	—
裸土	0.03	0.33	—	—	0.04	—	—	—	—	0.28	0.04	0.25	0.32	0.11	2.32	0.35	1.34	—	—
裸岩	—	—	—	—	—	—	—	—	—	—	—	—	—	—	—	—	—	—	0.06

表 5 – 10　2000—2010 二级生态系统分布与构成转移矩阵（km²）

Tab. 5 – 10　The transfer matrix of composition and distribution of the secondary ecosystem from year 2000 to 2010（km²）

	常绿阔叶林	常绿针叶林	针阔混交林	乔木园地	常绿阔叶灌木林	灌木园地	草丛	草本沼泽	灌丛沼泽	河流	水库/坑塘	旱地	水田	采矿场	工业用地	交通用地	居住地	裸土	裸岩
常绿阔叶林	—	40.45	1.32	0.06	7.71	—	4.53	0.22	—	4.08	0.10	2.06	2.67	0.25	1.51	3.95	5.09	0.06	—
常绿针叶林	1.14	—	0.06	—	9.18	—	7.33	0.04	—	7.68	1.30	4.33	8.38	2.80	2.32	8.02	10.01	0.08	—
针阔混交林	1.43	2.51	—	—	1.08	—	—	—	—	—	—	—	—	0.01	—	0.02	0.02	—	—
乔木园地	—	—	—	—	—	—	—	—	—	—	—	—	0.03	—	—	—	0.03	—	—
常绿阔叶灌木林	55.64	139.66	1.91	0.05	—	—	5.04	—	—	7.04	0.51	6.97	16.19	2.51	4.35	3.84	8.19	—	—
灌木园地	—	0.03	—	—	—	—	—	—	—	0.77	—	0.01	0.08	0.01	0.05	0.23	1.64	—	—
草丛	5.49	20.11	0.51	—	8.83	—	—	—	—	0.06	0.25	0.07	1.30	0.55	0.59	1.03	1.67	—	—
草本沼泽	—	—	—	—	—	—	—	—	—	—	—	—	—	—	—	—	—	—	—
灌丛沼泽	—	—	—	—	—	—	—	—	—	—	—	—	—	—	—	—	—	—	—
河流	0.17	0.11	—	—	0.26	—	—	—	0.03	—	0.45	0.09	0.14	0.06	0.01	0.62	2.50	—	—
水库/坑塘	—	—	—	—	—	—	—	—	—	0.05	—	0.02	0.05	—	—	0.04	0.24	—	—
旱地	2.85	5.79	0.40	—	29.26	—	4.50	—	0.01	5.54	0.44	—	1.31	4.62	4.82	4.46	12.97	0.03	—
水田	8.27	2.34	0.06	0.10	7.12	—	19.87	—	0.10	11.88	1.52	8.49	—	4.84	5.25	10.53	31.77	0.40	—
采矿场	—	—	—	—	—	—	—	—	—	—	—	—	—	0.03	—	—	—	—	—
工业用地	—	—	—	—	—	—	—	—	—	—	—	—	—	—	—	—	—	—	—
交通用地	—	—	—	—	—	—	—	—	—	—	—	—	—	—	—	—	—	0.02	—
居住地	—	0.01	—	—	—	—	—	—	—	—	—	—	—	—	—	—	—	—	—
裸土	—	0.27	0.02	—	0.02	—	—	—	—	0.28	—	0.12	0.19	—	0.24	0.06	0.41	0.06	—
裸岩	—	—	—	—	—	—	—	—	—	—	—	—	—	—	—	—	—	—	—

从森林生态系统的各类二级生态系统的转换结果来看，2000—2005 年期间，二级生态系统转换最为明显的是灌木林向针阔叶林转换、阔叶林向针叶林转换，而整体上看，这一时期其他类型的生态系统向森林生态系统的二级分类转换的趋势比较明显。2005—2010 年期间，仍然是灌木林向针叶林和阔叶林转换得最为明显。但与前一个时期相比较，常绿阔叶林转换为常绿针叶林这一趋势并没有显现出来，而整体上看，这一时期呈现出了森林生态系统的二级分类向其他生态系统转换的趋势：如常绿针叶林转换为旱地；常绿针叶林转换为居住地；常绿针叶林转换为河流、草矿场、草丛和交通用地；常绿阔叶林转换为旱地等。2000—2010 年期间，灌木林向针阔叶林转换、阔叶林向针叶林转换都十分明显。但整体上看，这一时期呈现出森林生态系统与其他生态系统之间互相转换的特征。从这三个时期的变化特征可以看出，三明市二级生态系统之间的转换呈现出这样一个变化过程：林权制度改革前期至全面改革时期，其他类型的生态系统向森林生态系统转换趋势明显；全面推进改革时期至深化改革时期，森林生态系统向其他生态系统转换的趋势明显；从改革前期直至改革深化时期，整体呈现出森林生态系统和其他生态系统互相转换的特点。

5.4 生态系统类型变化评价

5.4.1 生态系统整体类型转换分析与评价

通过前面的分析可以看出，在本研究的时间范围内三明市一级、二级生态系统都发生了结构上的变化和各类系统之间的相互转换。那么这些不同生态系统类型的转换和变化对生态系统是否产生了影响，影响的方向和程度如何，需要进行更加深入的分析。本节将在前面生态系统类型变化特征分析的基础上，通过计算土地覆被转类指数，对研究时间范围内三明市生态系统类型转换强度进行分析，依据评价的结果分析三明市从 2000 至 2005 年、2010 年生态系统以及森林生态系统变化的方向及变化程度。

土地覆被转类指数（Land Cover Chang Index）的计算公式如下：

$$LCCI_{ij} = \frac{\sum [A_{ij} \times (D_a - D_b)]}{A_{ij}} \times 100\%$$

若$LCCI_{ij}$值为正，表示此研究区总体上生态系统的整体功能转好；$LCCI_{ij}$值为负，表示此研究区总体上生态系统综合功能变差。

对土地覆被转类指数进行计算和分析评价时，首先需要对各类生态系统类型的级别进行定义，一般级别的定义是按照生态学意义进行划分的，划分级别时由于耕地和人工表面受人类活动影响变化比较剧烈且无规律，因此予以去除（邵全琴，2010），据此，可以得到主要生态系统类型的计算级别（表5-11为一级生态系统类型分级标准）。1级表示生态系统综合功能最好，级别愈接近于1，就说明生态系统功能越好，反之越差。对土地覆被类型定级后，进行土地覆被类型变化前后级别相减，如果为正值则表示覆被类型转好，反之表示覆被类型转差。操作过程中，首先为每类生态系统按分级赋值，按指标计算类型相互转化强度，计算结果如表5-12所示。根据计算结果可以看出，2000—2005年、2005—2010年、2000—2010年这三个时期的一级生态系统类型相互转化强度分别为0.6068，0.5765，1.1921. 指数均为正，说明这三个时间范围内，三明市一级生态系统动态类型转好，其整体的生态系统在朝着好的方向变化。2000—2005年这一时期的转化强度略高于2005—2010年这一时期，说明林改初期三明市生态系统转好的效果更大一些。

表5-11　生态系统类型分级标准

Tab. 5-11　The classification standard of the ecological system type

生态系统类型	湿地	森林	灌木	草地	裸地
生态级别	1级	2级	3级	4级	5级

表5-12　一级生态系统动态类型相互转化强度（%）

Tab. 5-12　Dynamic type conversion intensity ofprimaryecological system （%）

时期	$LCCI_{ij}$	转化结果
2000—2005年	0.6068	生态系统整体转好
2005—2010年	0.5765	生态系统整体转好
2000—2010年	1.1921	生态系统整体转好

5.4.2　森林生态系统二级分类转换评价

三明市一级生态系统类型在本研究的三个时期内整体朝着生态系统转好的方向变化，那么对于森林生态系统本身，在这三个时期内的动态变化是否也在转好，需要进一步对二级生态系统进行动态评价。由于二级分类中生态系统类型过多，而本研究重点关注的是森林生态系统的变化，因此，在进行二级生态系统类型变化评价时，只针对森林生态系统进行计算与评价。首先根据森林生态系统服务功能的特点，确定森林生态系统二级分类的生态级别。根据二级分类各类型对森林生态系统生态功能的贡献，确定森林生态系统二级分类的生态级别，如表 5 - 13 所示。1 级表示森林生态系统综合功能最好，所定义的级别越接近 1 则该类型生态功能越好，反之越差。

表 5 - 13　二级生态系统类型分级标准

Tab. 5 - 13　The classification standard of the secondary ecological system type

生态系统类型	常绿阔叶林	常绿针叶林	针阔混交林	乔木园地
生态级别	2 级	3 级	1 级	4 级

对二级生态系统类型定级后，进行土地覆被类型变化前后级别相减，如果为正值则表示覆被类型转好，反之表示覆被类型转差。具体计算时，首先为每类生态系统按分级标准进行赋值，按指标计算各个二级类型相互转化强度，计算结果如表 5 - 14 所示。根据二级生态系统动态类型相互转化强度的计算结果可以看出，2000—2005 年、2005—2010 年、2000—2010 年这三个时期，森林生态系统中各个二级生态系统类型相互转化强度分别为 - 0.2592， - 0.0127， - 0.2568，三个时期的转化强度指数都为负，说明在这三个时间范围内，三明市森林生态系统整体转差。其中，2000—2005 年这一时期的转化强度大于 2005—2010 这一时期的转化强度，说明三明市在林改初期森林生态系统整体转差得更为明显。这主要是由于在林改的主体改革实施初始阶段，森林经营主体造林活动大量增加，出现了大量的天然林被人工林置换、混交林被纯林置换、阔叶林被针叶林置换的现象，这些都是不利于森林生态系统综合功能提升的，会对森林生态系统服务功能造成一定的影响。

表5-14　二级生态系统动态类型相互转化强度（％）

Tab. 5 - 14　Dynamic type conversion intensity ofsecondary ecological system （％）

时期	$LCCI_{ij}$	转化结果
2000—2005	-0.2595	森林生态系统整体转差
2005—2010	-0.0127	森林生态系统整体转差
2000—2010	-0.2568	森林生态系统整体转差

5.5　生态系统类型变化与林权制度改革的关联分析

生态系统的变化和演进，与人类的活动密切相关。值得注意的是，人类的活动对生态系统的影响是十分复杂的，一种人类活动可能对生态系统产生多种影响，同时，对生态系统产生的某一种影响也可能是多种人类活动方式所导致的。从三明市集体林区发展的历史来看，过去由于人类对森林生态系统及其重要性不甚了解，人类对森林资源的过度开发和不可持续利用对森林生态系统服务功能产生了损害，使三明市森林资源遭到了一定的破坏。然而随着社会的进步和人们认识的逐渐提升，加之林权制度改革对林业发展的重视和推动，人们正在逐步以加强森林生态系统管理等方式来恢复和保育森林生态系统的服务功能。

集体林权制度改革会导致人们行为和活动的变化是本研究的一个重要的前提假设，因此集体林权制度改革作为一种具有政府主导特点的强制性制度变迁，制度变化所导致的人类活动会产生相应的干扰，这些活动干扰必然会对森林生态系统乃至整个区域的生态系统产生一定影响。从本章对三明市生态格局变化的分析和评价结果来看，在集体林权制度改革的背景下，在林改的不同时期（林改前、林改初期、深化林改时期），生态系统构成和生态系统的变化都与林权制度改革政策的实施有一定的关联。

5.5.1　林改与整体生态格局变化的关联及其影响分析

从三明市生态系统整体的特征和变化来看，2000—2005年、2005—2010年以及2000—2010年三个时间范围内，森林的面积增加最明显，尤其是2000—2005年，森林的面积增加最明显。而灌木和耕地在这三个时间段都出现了明显减少的现象。对三明市林权制度改革的政策实施进程进行分析可以看出，2003年开始，三明市全面开展林改工作，2003—2006年为主体改革阶段，其首要任务就是确权发证。主体改革的实施，极大地激发了广大林农的造林积极性。根据课题组的农户调查可以发现，三明市在林改以后，87%的农户表示自己的造林积极性有所提高，愿意进行造林。这是由于主体改革期间，林业主管部门确权以后，农民刚刚获得林地的使用权和林木所有权。林权证颁发以后，农民看到了来自林业的利益，因此从事林业活动的积极性高涨，为了"守住"刚刚获得的林地，以期在未来获取收益，他们纷纷开始造林，于是就造成了林改初期森林面积快速增加的局面。

从本章得出的三明市一级生态系统的转换情况来看，2000—2005年这一阶段，灌木转换为森林的现象特别明显。农民造林的积极性提高，但他们的造林活动具有追求经济利益的特点，造林的目的多是为了"占山"。通过农户调研可以发现，林改以后，"林业三定"时期各家各户分到的自留山也进行了再次勘界和确权，这也极大地改变了农民原本对自留山"不管不问"的态度。林权证的发放使农民认识到了森林资源的价值，增强了他们对未来林业收益的信心，因此，对于原来不愿意关注的自留山，农民也相应开展了造林活动。20世纪80年代"林业三定"时期的自留山，大多数农户从未对其进行过经营和管护，这部分林地多为灌木林（当地农民称为"杂木"），林改以后农民在自留山上以杉木、马尾松等当地树种为主进行造林，就会使大量的灌木林地被置换，从而变为森林。

从本章对一级生态系统变化的评价结果来看，在2000—2005年、2005—2010年以及2000—2010年三个时间范围内，三明市生态系统整体上都呈现出转好的状态，这与森林面积的绝对数量增加有密切的关系。在社会经济发展和城镇化的带动下，我国很多地区的生态系统功能都有转差的倾向，然而三明市区域的生态系统格局整体向着好的方向转变，这一结果说明在社会经济快速发展的时期，集体林权制度改革这一重大变革的出现，使三明市这个集体林区的森林生态系统发挥了重要的生态效益，从而使该区域的整体生态状况不但没有出现变差的趋势，反而有所好转。从这个角度来看，集体林权制度改革对整个区域生态状况的好转做出了一定贡献。

5.5.2 林改与森林生态系统变化的关联及其影响分析

根据本章的评价结果，就二级生态系统的整体转换情况而言，灌木、耕地的各类二级生态系统向森林的各类二级生态系统转换的现象比较明显。其中，常绿阔叶灌木林向常绿针叶林转化的数量最多，其次是常绿阔叶林向常绿针叶林的转化也十分明显。从林权制度改革的角度来看，森林生态系统转换的这些特点，都与林改以后农户造林过程中的树种选择有关。在实地调研中发现，农民作为林改以后森林经营的主体，他们对于造林树种的选择，普遍具有一个特点，那就是以他们所预期的未来收益较高的树种为主。根据本研究的农户问卷调查显示，68%的农户在实际造林时，会选择经济效益较高的用材林，其中，最受欢迎的树种为杉木和马尾松。前面分析了灌木林大量转换为森林的原因，同样，林改后杉木和马尾松的大量种植，就造成了阔叶林向常绿针叶林的大量转换。

从时间范围来看，2000—2005 年期间，二级生态系统转换最为明显的是灌木林向针阔叶林转换、阔叶林向针叶林转换。2005—2010 年期间，虽然仍然是灌木林向针叶林和阔叶林转换得最为明显，但与前一个时期相比较，常绿阔叶林向常绿针叶林转换的变化没有显现出来。而从整体上看，这一时期呈现出了森林生态系统的二级分类向其他生态系统转换的趋势：如常绿针叶林转换为旱地；常绿针叶林转换为居住地；常绿针叶林转换为河流、草矿场、草丛和交通用地；常绿阔叶林转换为旱地等。2000—2010 年期间，灌木林向针阔叶林转换、阔叶林向针叶林转换都十分明显，但整体上看，这一时期有其他生态系统向森林生态系统的转入，也有森林生态系统向其他生态系统的转出。

因此，从不同时期生态系统的变化特征可以看出，三明市林权制度改革与森林生态系统的变化关系呈现出这样一种关联：（1）在林权制度改革前期至主体改革时期（2000—2005 年），其他各种类型的生态系统向森林生态系统转换趋势明显；灌木大量转换为森林，尤其是针叶林。说明这一时期集体林权制度改革的确权发证对森林资源数量的增加做出了一定贡献。（2）在全面推进改革时期至深化改革时期（2005—2010 年），虽然灌木等生态系统向针叶林转换的数量依然较大，但森林生态系统开始逐渐出现向其他生态系统转换的趋势，其中向人工用地转换得比较明显。这说明在这一阶段林权制度改革对造林的数量依然有贡献，但在主体改革完成之后，对资源增长的贡献作用有限。

5.6 本章小结

本章基于遥感解译的三个时期（2000 年、2005 年和 2010 年）三明市土地覆被数据，利用 Arcgis 软件对三明市森林生态系统的构成与分布、生态系统类型变化及特征、生态系统类型转换情况等相关指标进行计算和评价，并在此基础上采用土地覆被转类指数对三明市生态系统格局的变化、森林生态系统格局的变化进行评价。本章的评价结果表明，在林权制度改革前后，三明市生态格局发生了一定的变化，并且这种生态格局的演进特征与生态系统格局的变化与林权制度改革的推进过程有一定的关联。本章评价的主要结论如下：

就研究区域整体生态系统的演进而言，从林改前（2000 年）、林改初期（2005 年）至深化林改时期（2010 年），三明市生态系统的整体演进呈现出一个良好的趋势。其主要特点是：（1）森林生态系统在整个生态格局中占据主导地位（77% 以上），且在改后森林生态系统面积和比例均有所增加。（2）其他类型生态系统均向森林生态系统转换，尤其是灌木转换为森林的趋势最为明显。这主要是由于林改以后，分林到户极大地促进了林农造林的积极性，林农在大量的荒山荒地上进行造林活动，于是就出现了森林面积的大幅度增长。由于森林生态系统面积和比例的增加，三明市生态系统整体向好的方向发展，因此可以看出，林权制度改革对于整个区域生态改善作出了一定贡献，林改生态受保护的改革目标在整个区域范围内取得了良好的效果。

就森林生态系统的演进而言，由于林改以后大量针叶林、人工纯林的营造，使森林生态系统的内部结构发生了变化。从林改前（2000 年）、林改初期（2005 年）至深化林改时期（2010 年）森林生态系统变化结果来看，常绿针叶林的面积增加数量最大、变化率也最高，尤其是林改初期（2000—2005 年），林农的造林活动大量增加，且造林多以杉木和马尾松为主，因此这一时期针叶林增加十分明显。这说明，随着主体改革的完成，森林资源数量虽然大大增加，但深化改革阶段，各项配套改革的实施没有发挥其科学合理引导森林经营行为的作用，导致森林生态系统出现了一些不利趋势。

　　本章对林改前后三明市生态系统及森林生态系统的变化进行了评价，但值得注意的是，森林生态系统的变化是一个长期的过程，林改到现在只有十年的时间，因此通过林改后林农经营行为对森林生态系统的影响，本章的评价也是做了一个基本的判断，后续如何来变化，需要对林农长期的经营活动、森源和生态系统的变化的长期监测等来进一步加以分析。

6 现行林改政策下林农经营对森林生态系统影响综合评价

通过前面几部分对三明市林权制度改革对森林经营的影响、三明市生态格局的变化及森林生态系统变化等评价，可以看出林权制度改革对三明市的森林资源经营、森林生态系统都产生了一定的影响。集体林权制度改革实施至今，已经成为了以产权制度为核心、各项配套制度政策共同推进林业发展的综合性制度改革，是各项制度和政策的集合。在这样的综合制度改革推进过程中，各项制度安排和政策实施都是具体来规范林农的经营行为的，通过对林农行为的引导和规范，进而影响森林生态系统。因此，研究在现行的林改制度安排和政策实施下，以林农为主的森林资源经营究竟对森林生态系统产生了哪些影响，哪些制度和政策的实施后，林农的经营对森林生态系统有利，哪些制度和政策的实施对其不利，都是现阶段深化林改过程中值得探讨的问题。

在具体的评价某项制度或政策实施下，林农经营对森林生态系统的影响时，难以直接对其生态系统变化的各项指标进行测度，但从政策制定和实施者的角度，可以对这种影响进行判断。因此，本章将从产权及产权相关制度、森林资源经营管理制度、保障制度三个层面构建林改对森林生态系统影响的综合评价指标体系。在管理者问卷打分的基础上，采取 AHP – 模糊综合评价方法，对三明市集体林权制度改革对森林生态系统的影响进行综合评价，根据评价结果分析各项具体的制度与政策所产生的影响，为三明市今后继续推进林权制度改革提供政策参考。

6.1 评价指标体系构建

三明市集体林权制度改革涉及到三个方面的政策制度，一是以产权为核心的"产权及产权相关制度"，包括产权明晰、以产权为基础的流转和抵押贷款、合作组织经营等。二是森林资源经营政策制度，包括森林资源培育、森林资源经营、森林资源管护制度等。三是林改的相关保障政策制度。本章将基于管理者视角，从林改的三个方面的政策制度出发，对林改以后各项政策制度的实施对森林生态系统的影响进行判断和评价。

本研究在构建指标体系时，通过三个步骤来确定具体的政策指标。第一步，采取文献法对指标进行初步筛选，在确定了林改政策制度指标框架的基础上，选取了林改相关的 45 个具体的政策指标。第二步，采取专家意见法，对林业经济与政策、森林经营学等领域的 13 位专家进行了意见问询，根据专家意见的反馈对指标进行筛选，筛选的原则是超过 2/3 专家认为该指标可以放入评价指标体系的指标保留，其余指标删除。经过此轮专家意见的反馈，保留了 32 个指标。第三步，通过三明市林业部门的参与式座谈，筛选符合当地林改实际情况的指标。在 2012 年 7 月的预调研中，通过在三明市林业局召开座谈会，与 11 个科室的林业工作人员进行参与式讨论，最终筛选了 24 项具体的指标，构建了本研究的综合评价指标体系，如表 6 - 1 所示。

表6-1 现行林改政策对森林生态系统影响评价指标体系

Tab. 6-1 Evaluation index system of impact on forest ecological system

under the current tenure reform

A	制度类型 （准则层）B	政策制度 （指标层）C	政策指标 （要素层）D
综合评价指标体系	产权及产权相关制度 B1	产权明晰 C1	确权到户或到组 D1
			林权登记与变更 D2
		林权流转 C2	流转程序的规范 D3
			林权交易市场的建立 D4
		抵押贷款 C3	森林资产评估 D5
			贷款程序的规范 D6
		合作组织 C4	合作社优惠政策 D7
			合作社经营管理 D8
	森林资源经营管理制度 B2	森林资源培育制度 C5	种苗培育政策 D9
			造林设计政策 D10
			抚育等技术规程 D11
		森林资源经营 C6	经营方案编制制度 D12
			限额采伐 D13
			择伐政策 D14
		森林资源管护制度 C7	防火制度 D15
			公益林管护 D16
			病虫害防治制度 D17
	保障制度 B3	社会化服务制度 C8	信息传播渠道 D18
			林业信息管理系统建设 D19
			科技服务制度 D20
		财政保障制度 C9	税费减免与优惠 D21 （三免三补三优先政策）
			生态补偿制度 D22
		保险制度 C10	商业保险 D23
			政策性保险 D24

6.1.1　产权及产权相关制度

三明市集体林权制度改革是以产权制度为核心的重大制度变革，因此产权及产权相关制度对森林生态系统的影响是评价的基础和关键。以往有大量学者对不同所有制下的森林资源保护情况进行了研究，结果表明不同所有制下景观格局特征差异显著。公有制森林经营方式相对统一，注重保护。但私有林，尤其是非产业化私有林经营主体数量庞大，管理目标和方式差异大，私有林中林地面积下降、非森林类型的土地斑块更多、林地的破碎化更加严重、核心生境的面积更小（Wolter P. T. , 2002）。因此研究产权及产权制度及相关政策的实施对森林生态系统的影响有十分重要的意义。

产权的明晰，其根本目的是在保障权属安全的基础上，来实现改革以后林农对林地的流转、合作和抵押等。因此本研究的产权及产权相关制度就包括了产权明晰（C1）、林权流转（C2）、抵押贷款（C3）、合作组织（C4）四个方面。其中，产权明晰包括确权到户或到组（D1）、林权登记与变更（D2）；林权流转制度包括流转程序的规范（D3）、林权交易市场的建立（D4）；抵押贷款政策包括森林资产评估政策（D5）、贷款程序的规范（D6）；合作组织政策包括合作社优惠政策（D7）和合作社经营管理（D8）。

6.1.2　森林经营管理制度

森林资源是森林生态系统的物质基础，是实现林业可持续经营的基础。森林数量和质量水平对于衡量一个区域和一个国家生态好坏而言是十分重要的指标。因此，加强森林资源的经营管理，对于巩固集体林区林改成果、实现林区经济和生态协调发展教育有重要的意义。

森林资源经营管理制度包括森林资源保护与利用的多种管理制度与政策。本研究根据三明市林改以后森林资源经营管理的政策实施情况，结合森林资源经营的环节和流程，将森林经营管理制度分为森林资源培育（C5）、森林资源经营（C6）、森林资源管护制度（C7）三个方面。其中森林资源培育制度具体包括种苗培育（D9）、造林设计（D10）、抚育技术规程（D11）三个具体的政策指标。森林资源经营制度具体包括森林经营方案编制（D12）、限额采伐

（D13）、择伐政策（D14）三个政策指标。森林资源管护制度具体包括防火制度（D15）、公益林管护制度（D16）、病虫害防治制度（D17）三个政策指标。

6.1.3 保障制度

林改后森林资源经营的保障制度是政府为森林资源经营提供的支持和服务等相关的政策制度。本研究在评价林改政策对森林生态系统影响时，主要从社会化服务制度（C8）、财政保障制度（C9）、保险制度（C10）三个层面进行评价。其中，社会化服务制度包括信息传播渠道（D18）、林业信息管理系统建设（D19）、科技服务制度（D20）三个政策指标。财政保障制度包括税费减免与优惠（D21）、生态补偿制度（D22）两个政策指标。保险制度包括商业保险（D23）和政策性保险（D24）两个政策指标。

6.2　数据获取及评价方法选取

6.2.1　综合评价的数据来源

本章对林改对森林生态系统的影响进行综合评价，是基于管理者视角对林改具体制度和政策实施对森林生态系统的影响。评价的数据来源于管理者问卷调查，问卷调查的内容包括被调查者的基本信息、管理者对林改政策的认知和态度、林改各项政策实施下林农经营行为对森林生态系统影响的判断打分，以及各项政策实施中产生的具体问题等。

在实地调研中，选取了三明市林业局和各区县林业局资源科、林政科、林改科、造林科、种苗科、科技科、生态保护相关科室、乡镇林业站以及与森林资源经营相关的其他科室的工作人员进行问卷调查。调查共发放 250 份问卷，收回有效问卷 228 份，有效问卷的样本分布如表 6 - 2 所示。在进行综合评价之前，对管理者问卷进行了信度和效度的一致性检验，结果表明，管理者对林改政策对森林生态系统影响判断的各项指标均通过了一致性检验，且样本总体的一致性较好。

表 6 - 2　管理者问卷的样本分布情况

Tab. 6 - 2　Sample distribution of managers questionnaire

地区	资源站	林政科	林改科	造林科、种苗科	科技科	生态保护相关科室	林业站	其他	小计
三明市	3	3	5	4	3	5	0	9	32
梅列区	1	1	1	2	1	3	3	3	15
三元区	1	2	2	1	2	3	3	4	18
明溪县	2	2	3	2	1	3	5	2	20
清流县	2	2	3	2	2	2	5	3	21
宁化县	1	2	3	1	2	3	5	2	19
尤溪县	2	2	3	3	2	4	7	5	28
沙县	2	2	2	2	1	3	5	4	22
将乐县	2	3	4	3	2	3	9	5	31
泰宁县	2	2	3	2	1	4	6	2	22
合　计	18	21	30	22	17	33	48	39	228

在问卷调查过程中，基于本研究所构建的评价指标体系，管理者分别针对每一项指标进行判断。其判断的标准是在此项政策和制度的实施下，以林农为主的森林资源经营是否会对森林生态系统造成影响。

6.2.2　综合评价方法的选取

森林生态系统是一个复杂的生态系统，而考察制度变迁带来的森林资源经营管理政策对森林生态系统的影响更是一个较为复杂的过程。本章在进行评价时采用层次分析法和模糊综合评判法相结合的评价方法。

（1）层次分析法（AHP 方法）

20 世纪 70 年代，由美国著名的运筹学家 T. L. Satty 等人提出的一种定性分析与定量分析相结合的多准则决策方法即为层次分析法（AHP）（杜栋，2008）。本章要研究的对象——森林生态系统是一个十分复杂的系统，它要涉及大量的相关因素。本章研究所涉及的指标庞杂，定量数据和个人主观判断同时都起着十分重要的作用，因此层次分析法的采用在此部分十分适用。层次分析法有以下计算步骤：

第一，应用层次分析法分析问题时，首先要把问题层次化，然后建立目标层、若干准则层和方案层的层次分析模型。

第二，在各层元素中进行两两比较，构造出比较判断矩阵，具体表示为：

B	C_1	C_2	$\cdots$	C_n
C_1	C_{11}	C_{21}	$\cdots$	C_{1n}
C_2	C_{21}	C_{22}	$\cdots$	C_{2n}
$\vdots$	$\vdots$	$\vdots$		$\vdots$
C_n	C_{n1}	C_{n2}	$\cdots$	C_{nn}

为了使决策判断定量化，一般使用 1 - 9 标度方法。如表 6 - 3 所示。

第三，判断矩阵的一致性检验。计算公式为：

$$CI = \frac{\lambda_{max} - n}{n - 1} \tag{8.1}$$

当阶数大于 2 时，CR 表示随机一致性比率，它是通过 CI 与 RI 的比值计算得出的。当

$$CR = \frac{CI}{RI} < 0.10 \tag{8.2}$$

时，认为评价的判断矩阵具有满意的一致性。

表6 - 3　判断矩阵标度及其含义

Tab. 6 - 3　The meaning and scaling of the judgment matrix

序号	重要性等级	C_{ij} 赋值
1	i, j 两元素同等重要	1
2	i 元素比 j 元素稍重要	3
3	i 元素比 j 元素明显重要	5
4	i 元素比 j 元素强烈重要	7
5	i 元素比 j 元素极端重要	9
6	i 元素比 j 元素稍不重要	1/3
7	i 元素比 j 元素明显不重要	1/5

序号	重要性等级	C_{ij} 赋值
8	i 元素比 j 元素强烈不重要	1/7
9	i 元素比 j 元素极端不重要	1/7

CI = 0 表示判断矩阵具有完全一致性。此外 RI 值表示判断矩阵的平均随机一致性。对于 1—9 阶判断矩阵，RI 的值分别列于表 6 – 4 中。

表 6 – 4　平均随机一致性指标

Tab. 6 – 4　The index of average random consistency

n	1	2	3	4	5	6	7	8	9
RI	0. 00	0. 00	0. 58	0. 90	1. 12	1. 24	1. 32	1. 41	1. 45

当阶数大于 2 时，随机一致性比率记为 CR，是 CI 与 RI 之比。当

$$CR = \frac{CI}{RI} < 0.10 \tag{8.2}$$

时，即认为判断矩阵具有满意的一致性。

第四，进行层次排序。首先，将判断矩阵的每一列向量进行归一化处理，得：

$$\overline{w_{ij}} = \frac{b_{ij}}{\sum_{j=1}^{n} b_{ij}} (i,j = 1,2,3\cdots n) \tag{8.3}$$

将 $\overline{w}$ 归一化，得：

$$w_i = \frac{\overline{w_i}}{\sum_{j=1}^{n} \overline{w_{ij}}} \tag{8.4}$$

得到特征向量，即为本层次元素排序的权重，最大特征根 λ_{max} 为：

$$\lambda_{max} = \sum_{i=1}^{n} \frac{(AW)_i}{nW_i} \tag{8.5}$$

在此基础上，对于最高层目标，按照自上而下、逐层顺序进行层次总排序。

（2）模糊综合评价法

模糊概念由美国控制论专家扎德在 1965 年提出。模糊综合评价基于模糊数学，通过设定评价隶属等级，对多个不同因素进行综合性的评价。本章探讨的林业产业政策效益的综合评价问题，由于政策评价中有关政策的实施和制定等

方面有很多指标难以用实际的数据作为定量的标准，这时就需要进行主观的分析，引入模糊数学中的综合评判模型可以解决这一问题（彭念一，2003）。

6.3 现行政策下林农经营对森林生态系统影响综合评价

6.3.1 AHP 法确定指标权重

在本章进行综合评价前，首先要对所构建的指标体系中的各指标进行赋权。一般地，研究中赋权有两种主要方法，分别为定性加权（经验加权）和定量加权（数学加权）。为了提高赋权的准确性和合理性，近年来的研究中层次分析法使用较多。本研究通过问卷调查的方法，通过管理者问卷中各指标的打分，对每位被调查者的打分结果构建判断矩阵，并进行一致性检验。

根据问卷打分的结果，按照 1—7 标度法对每一个指标的相对重要性进行赋值。并在赋值的基础上，计算出各指标的权重。根据专家的打分，得出各层指标的判断矩阵。以 A－B 准则层指标为例，根据专家打分，构造准则层的判断矩阵 A，则矩阵 A 就是产权及产权相关制度、森林资源经营管理制度、保障制度这三个准则层指标对森林生态系统影响重要性相互比较的结果，如表 6－5 所示。

表 6－5　A－B 判断矩阵

Tab. 6－5　The comparison matrix A－B

A	产权及产权相关制度 B1	森林资源经营管理制度 B2	保障制度 B3
产权及产权相关制度 B1	1	1/5	3
森林资源经营管理制度 B2	5	1	7
保障制度 B3	1/3	1/7	1

同理，可以根据专家打分分别构造判断矩阵 B1（在产权及产权相关制度这个准则层上，各项具体政策实施对森林生态系统影响的重要程度的比较）、B2（在森林资源经营管理制度这个准则层上，各项具体政策实施对森林生态系统影

响的重要程度的比较）、B3（在保障制度这个准则层上，各项具体政策实施对森林生态系统影响的重要程度的比较），具体判断矩阵如表6-6至6-8所示。由于要素层（D）指标过多，这里对于C-D层的判断矩阵不一一列出，只给出最后的计算结果。

表6-6 B1-C判断矩阵

Tab. 6-6 The comparison matrix B1-C

A	产权明晰 C1	林权流转 C2	抵押贷款 C3	合作组织 C4
产权明晰 C1	1	1/5	3	1/3
林权流转 C2	5	1	7	3
抵押贷款 C3	1/3	1/7	1	1/5
合作组织 C4	3	1/3	5	1

表6-8 B2-C判断矩阵

Tab. 6-8 The comparison matrix B2-C

B2	森林资源培育制度 C5	森林资源经营制度 C6	森林资源管护制度 C7
森林资源培育制度 C5	1	1/5	1/3
森林资源经营制度 C6	5	1	3
森林资源管护制度 C7	3	1/3	1

表6-8 B3-C判断矩阵

Tab. 6-7 The comparison matrix B3-C

B3	社会化服务制度 C8	财政保障制度 C9	保险制度 C10
社会化服务制度 C8	1	1/5	1/3
财政保障制度 C9	5	1	3
保险制度 C10	3	1/3	1

表6-5至表6-8中的判断矩阵可以记为：

$$A = \begin{bmatrix} 1 & 1/5 & 3 \\ 5 & 1 & 7 \\ 1/3 & 1/7 & 1 \end{bmatrix} B_1 = \begin{bmatrix} 1 & 1/5 & 3 & 1/3 \\ 5 & 1 & 7 & 3 \\ 1/3 & 1/7 & 1 & 1/5 \\ 3 & 1/3 & 5 & 1 \end{bmatrix}$$

$$B_2 = \begin{bmatrix} 1 & 1/5 & 1/3 \\ 5 & 1 & 3 \\ 3 & 1/3 & 1 \end{bmatrix} B_3 = \begin{bmatrix} 1 & 1/5 & 1/3 \\ 5 & 1 & 1/3 \\ 3 & 1/3 & 1 \end{bmatrix}$$

表6-9　A-B准则层权重表

Tab. 6-9　The comparison matrix A-B

政策制度类型（准则层）	权重 WB
产权及产权相关制度 B1	0.2567
森林资源经营管理制度 B2	0.5713
保障制度 B3	0.1721

同理，可以得出准则层、指标层、要素层所有指标的权重系数，如表6-10所示。在此要说明的是，AHP法计算的权重系数，并不能说明该项政策的实施对森林生态系统影响的好坏，而是反映某一项具体林改政策的实施对森林生态系统影响的重要程度的。也就是说，权重越大，说明该项政策的实施本身对森林生态系统的影响越重要。

表6-10 所有指标的权重系数

Tab. 6-10 Weight coefficient of all the indicators

目标层 A	制度类型（准则层）B	政策制度（指标层）C	政策指标（要素层）D	权重 wi
综合评价指标体系	产权及产权相关制度 B1 (0.2567)	产权明晰 C1 (0.1856)	确权到户或到组 D1	0.5987
			林权登记与变更 D2	0.4013
		林权流转 C2 (0.4131)	流转程序的规范 D3	0.5987
			林权交易市场的建立 D4	0.4013
		抵押贷款 C3 (0.1244)	森林资产评估 D5	0.3100
			贷款程序的规范 D6	0.6900
		合作组织 C4 (0.2769)	合作社优惠政策 D7	0.3100
			合作社经营管理 D8	0.6900
	森林资源经营制度管理制度 B2 (0.5713)	森林资源培育制度 C5 (0.212)	种苗培育政策 D9	0.3745
			造林设计政策 D10	0.2510
			抚育等技术规程 D11	0.3745
		森林资源经营制度 C6 (0.4718)	经营方案编制制度 D12	0.2494
			限额采伐 D13	0.3256
			择伐政策 D14	0.4251
		森林资源管护制度 C7 (0.3162)	防火制度 D15	0.1880
			公益林管护 D16	0.1880
			病虫害防治制度 D17	0.6241
	保障制度 B3 (0.1721)	社会化服务制度 C8 (0.212)	信息传播渠道 D18	0.4718
			林业信息管理系统建设 D19	0.2120
			科技服务制度 D20	0.3162
		财政保障制度 C9 (0.4718)	税费减免与优惠 D21（三免三补三优先政策）	0.2315
			生态补偿制度 D22	0.7685
		保险制度 C10 (0.3162)	商业保险 D23	0.3100
			政策性保险 D24	0.6900

6.3.2 模糊综合评价

通过 AHP 对综合指标评价体系中各指标的权重进行了计算，计算结果反映出了各项政策制度的实施对森林生态系统产生影响的重要程度。那么要进一步分析和评价这些政策的实施对森林生态系统影响的好坏和程度，需要通过综合指标评价方法进行评价。本研究在判断某一项具体政策实施对森林生态系统影响的好坏及影响程度时，采用了管理者问卷的形式，对三明市林业局、9 个区县林业局和基层林业站的管理人员进行了调查，基于管理者的视角，对每一项政策实施下，以林农为主的经营对森林生态系统的影响好坏进行打分。

本章探讨的林权制度改革实施后，林农的森林资源经营对森林生态系统影响的综合评价问题，由于各项政策实施对森林生态系统影响的各项指标难以用实际的数据进行准确的界定，对指标需要进行主观打分进行分析，因此就需要采用模糊综合评价法进行综合评价。

6.3.2.1 综合评价中评价集的确定

评价集是用于描述各层评价指标的内容，它是对各指标做出评价的评审者给出的判断结果的集合。对于定性的评价指标，确定指标的隶属度可以通过模糊系统的计算来进行。在本研究中，让地方林权制度改革政策的实施者对各项政策实施以后林农经营行为对森林生态系统的影响进行打分和评价。在具体打分过程中，按照政策实施后林农经营行为对森林生态系统影响的方向和大小设定了 5 个评价等级，各等级打分的含义如表 6 – 11 所示。因此本研究模糊综合评价的评价集为：

$v = (v1, v2, v3, v4, v5) = ($非常有利，比较有利，没有影响，比较不利，非常不利$)$。

表 6 – 11　林改政策对森林生态系统影响的评价打分表

Tab. 6 – 11　Marking table of the forest reform policy

impact on forest ecosystem evaluation

得分	含义
1 分	该政策实施后，林农的森林经营对森林生态系统非常有利
2 分	该政策实施后，林农的森林经营对森林生态系统比较有利
3 分	该政策实施后，林农的森林经营对森林生态系统没有影响
4 分	该政策实施后，林农的森林经营对森林生态系统比较不利
5 分	该政策实施后，林农的森林经营对森林生态系统非常不利

6.3.2.2　模糊判断矩阵的确定

根据所确定的打分等级，统计各个评价等级的频数，由此得到单因素模糊评价集，$R_i = (r_{i1}, r_{i2}, r_{i3}, r_{i4}, r_{i5})$。单因素评价矩阵表示为：

$$R = \begin{bmatrix} R_1 \\ R_2 \\ \vdots \\ R_m \end{bmatrix} = \begin{bmatrix} r_{11} & r_{12} & \cdots & r_{1n} \\ r_{21} & r_{22} & \cdots & r_{2n} \\ \vdots & \vdots & \ddots & \vdots \\ r_{m1} & r_{m2} & \cdots & r_{mn} \end{bmatrix}$$

其中，m 为评价指标集中元素的个数，n 为评价集 v 中元素的个数。

在确定了单因素评价矩阵以后，需要对各个评价指标的权重进行计算，本章在进行模糊综合评价时，将前面 AHP 法计算出的指标权重作为评价的权重系数进行计算。在确定了指标权重和评价的判断矩阵以后，对其进行模糊综合评价。

6.3.2.3　综合评价

由前面层次分析法得到的各指标权重以及单因素模糊评价判断矩阵，进行模糊综合评价。通过对回收的 228 份管理者问卷的整理和统计，得到三明市林权制度改革后各项政策实施对森林生态系统影响的单因素评价结果统计表（表 6 – 12）。

表 6 – 12 森林生态系统影响的单因素评价调查结果统计表

Tab. 6 – 12 Single factor evaluation results of the forest ecosystem effect

项目	非常有利	比较有利	没有影响	比较不利	非常不利
确权到户或到组 D1	49	46	9	67	58
林权登记与变更 D2	52	33	109	15	18
流转程序的规范 D3	91	67	43	21	6
林权交易市场的建立 D4	82	64	52	21	9
森林资产评估 D5	116	82	9	15	6
贷款程序的规范 D6	67	46	73	24	18
合作社优惠政策 D7	15	30	137	27	18
合作社经营管理 D8	116	82	9	15	6
种苗培育政策 D9	12	15	49	88	64
造林设计政策 D10	21	46	70	73	18
抚育等技术规程 D11	27	43	46	55	58
经营方案编制制度 D12	12	15	49	82	70
限额采伐 D13	100	82	24	15	6
择伐政策 D14	21	46	61	76	24
防火制度 D15	55	61	58	33	21
公益林管护 D16	52	58	70	24	24
病虫害防治制度 D17	15	21	55	79	58
信息传播渠道 D18	21	40	33	70	64
林业信息管理系统建设 D19	15	15	61	61	76
科技服务制度 D20	24	36	40	61	67
税费减免与优惠 D21	76	67	43	21	21
生态补偿制度 D22	30	40	43	64	52
商业保险 D23	15	24	33	64	91
政策性保险 D24	55	67	58	27	21

根据表 6 – 12 的统计结果，首先可以构造要素层（C）的模糊评判矩阵为：

$$R_{C1} = \begin{bmatrix} 0.2133 & 0.2000 & 0.0400 & 0.2933 & 0.2533 \\ 0.2267 & 0.1467 & 0.4800 & 0.0667 & 0.0800 \end{bmatrix}$$

$$R_{C2} = \begin{bmatrix} 0.4000 & 0.2933 & 0.1867 & 0.0933 & 0.0267 \\ 0.3600 & 0.2800 & 0.2267 & 0.0933 & 0.0400 \end{bmatrix}$$

$$R_{C3} = \begin{bmatrix} 0.5067 & 0.3600 & 0.0400 & 0.0667 & 0.0267 \\ 0.2933 & 0.2000 & 0.3200 & 0.1067 & 0.0800 \end{bmatrix}$$

$$R_{C4} = \begin{bmatrix} 0.0667 & 0.1333 & 0.6000 & 0.1200 & 0.0800 \\ 0.5067 & 0.3600 & 0.0400 & 0.0667 & 0.0267 \end{bmatrix}$$

由 C1 中各项指标权重可以计算出"产权明晰"（C1）的评价向量：

$$C1 = (w_{d1}, w_{d2}) R_{C1}$$

$$= (0.5987, 0.4013) \begin{bmatrix} 0.2133 & 0.2000 & 0.0400 & 0.2933 & 0.2533 \\ 0.2267 & 0.1467 & 0.4800 & 0.0667 & 0.0800 \end{bmatrix}$$

$$= (0.2187, 0.1786, 0.2166, 0.2024, 0.1838)$$

根据最大隶属度原则，产权明晰政策（C1）的实施对森林生态系统"非常有利"。

同理可得 C2—C4 的评价向量：

$$C2 = (0.3839, 0.2880, 0.2027, 0.0933, 0.0320)$$

$$C3 = (0.3595, 0.2496, 0.2332, 0.0943, 0.0635)$$

$$C4 = (0.3703, 0.2897, 0.2136, 0.0832, 0.0432)$$

根据最大隶属度原则，林权流转（C2）、抵押贷款（C3）、合作组织（C4）政策的实施效果对森林生态系都的影响都"非常有利"。

由 C1—C4 的评价向量，和 B1 中各项指标的权重可以进一步构建出"产权和产权相关制度"（B1）的模糊评判矩阵：

$$R_{B1} = \begin{bmatrix} C1 \\ C2 \\ C3 \\ C4 \end{bmatrix} = \begin{bmatrix} 0.2187 & 0.1786 & 0.2166 & 0.2024 & 0.1838 \\ 0.3839 & 0.2880 & 0.2027 & 0.0933 & 0.0320 \\ 0.3595 & 0.2496 & 0.2332 & 0.0943 & 0.0635 \\ 0.3703 & 0.2897 & 0.2136 & 0.0832 & 0.0432 \end{bmatrix}$$

由于篇幅有限，本章对于 C5—C10 的计算过程不一一列出，其计算的原理与过程和 C1—C4 相同，这里只列出结果。通过 C5—C10 评判向量和评判矩阵的计算，可以得到 B2 和 B3 的评判矩阵如下：

$$R_{B2} = \begin{bmatrix} C5 \\ C6 \\ C7 \end{bmatrix} = \begin{bmatrix} 0.0883 & 0.1451 & 0.2318 & 0.3150 & 0.2198 \\ 0.1962 & 0.2189 & 0.2013 & 0.2532 & 0.1305 \\ 0.1293 & 0.1560 & 0.2551 & 0.2640 & 0.1957 \end{bmatrix}$$

$$R_{B3} = \begin{bmatrix} C8 \\ C9 \\ C10 \end{bmatrix} = \begin{bmatrix} 0.0919 & 0.1465 & 0.1805 & 0.2855 & 0.2955 \\ 0.1796 & 0.2011 & 0.1867 & 0.2368 & 0.1958 \\ 0.1863 & 0.2355 & 0.2203 & 0.1696 & 0.1884 \end{bmatrix}$$

由 B1 中各项指标权重可以计算出"产权及产权相关制度"（C1）的评价向量：

$$B1 = (w_{c1}, w_{c2}, w_{c3}, w_{c4}) R_{B1}$$

$$= (0.1856, 0.4131, 0.1244, 0.2769)$$

$$\begin{bmatrix} 0.2187 & 0.1786 & 0.2166 & 0.2024 & 0.1838 \\ 0.3839 & 0.2880 & 0.2027 & 0.0933 & 0.0320 \\ 0.3595 & 0.2496 & 0.2332 & 0.0943 & 0.0635 \\ 0.3703 & 0.2897 & 0.2136 & 0.0832 & 0.0432 \end{bmatrix}$$

$$= (0.3464, 0.2634, 0.2121, 0.1109, 0.0672)$$

根据最大隶属度原则，目前三明市林权制度改革以后，产权及产权相关政策制度（B1）的实施对森林生态系统的影响"非常有利"。这说明产权的明晰、登记，以及以产权为核心的流转、抵押等政策的实施，有利于森林生态系统的稳定可持续发展。

同理，可得 B2 和 B3 的评价向量为：

B2 = （0.1522, 0.1833, 0.2248, 0.2697, 0.1701）

B3 = （0.1631, 0.2004, 0.1960, 0.2259, 0.2146）

根据最大隶属度原则，三明市林权制度改革以后，森林资源经营管理政策制度、林改的保障制度目前对三明市森林生态系统比较不利，即当前的森林资源经营管理制度和林改的保障制度不完善，各项政策在实施过程中对森林生态系统造成了一定的负面影响。

由 B1—B3 的评价向量，和准则层中各项指标的权重可以进一步构建出目标层（A）的模糊评判矩阵，并求得目标层 A 的评价向量为：

A = （0.2040，0.2068，0.2166，0.2214，0.1513）

根据最大隶属度原则，三明市林权制度改革政策的实施总体上对森林生态系统"比较不利"，说明现行的政策在实施过程中，对森林生态系统造成了一些负面影响。

6.3.3　评价结果分析与讨论

根据本章模糊综合评价的结果，可以将各层林改政策对森林生态系统的评价结果进行总结，如表6-13所示。从综合评价的最终结果来看，林权制度改革的实施对森林生态系统造成了多方面的影响，具体的各项政策和制度的实施对其造成的影响有所不同。总体而言，从林改涉及到的三大政策制度来看，产权及产权相关制度对森林生态系统有正向的影响，而森林资源经营管理制度、保障政策制度目前对森林生态系统存在一些不利影响。

表6-13　林改政策影响评价结果表

Tab. 6-13　Policy impact assessment result table

准则层政策	影响结果	要素层政策	影响结果	指标层政策	影响结果
产权及产权相关制度B1	+	产权明晰 C1	- -	确权到户或到组 D1	- -
				林权登记与变更 D2	/
		林权流转 C2	+ +	流转程序的规范 D3	+ +
				林权交易市场的建立 D4	+ +
		抵押贷款 C3	+ +	森林资产评估 D5	+ +
				贷款程序的规范 D6	/
		合作组织 C4	+ +	合作社优惠政策 D7	/
				合作社经营管理 D8	+ +

准则层政策	影响结果	要素层政策	影响结果	指标层政策	影响结果
森林资源经营制度管理制度 B2	-	森林资源培育制度 C5	-	种苗培育政策 D9	-
				造林设计政策 D10	-
				抚育等技术规程 D11	- -
		森林资源经营制度 C6	-	经营方案编制制度 D12	-
				限额采伐 D13	+ +
				择伐政策 D14	-
		森林资源管护制度 C7	-	防火制度 D15	+
				公益林管护 D16	/
				病虫害防治制度 D17	
保障制度 B3	-	社会化服务制度 C8	-	信息传播渠道 D18	-
				林业信息管理系统建设 D19	- - -
				科技服务制度 D20	- -
		财政保障制度 C9	-	税费减免与优惠 D21	+ +
				生态补偿制度 D22	-
		保险制度 C10	+	商业保险 D23	- -
				政策性保险 D24	+

注：表中"＋＋"表示"非常有利"，"＋"表示"比较有利"，"/"表示"没有影响"，"－"表示"比较不利"，"－－"表示"非常不利"。

从产权及产权相关制度的各项具体政策来看，只有"确权到户或到组"对森林生态系统有明显的不利影响，其他各项政策均产生了明显的正面影响或影响甚微。确权到户或到组是林权制度改革以后主体改革的核心，此项政策的实施将集体林分到各家各户，使集体林产权得到了明晰。但在实践中，产权明晰到户也存在很多问题。主要表现为三个方面：第一，森林资源经营的斑块面积过小，且斑块分散，就造成了经营管理的成本高。第二，分散经营使森林防火、病虫害防治难度加大，不利于森林资源保护和森林生态系统提升。第三，分散的农户经营，由于破碎化和经营水平不高等问题，林相不整齐，林农造林的质量参差不齐，势必会导致森林资源质量和生态系统功能的下降。

从森林资源经营管理制度的各项政策制度影响评价结果来看，森林资源培育制度、森林资源经营制度和森林资源管护制度对森林生态系统均有不利影响。其中，只有限额采伐制度和防火制度有正向影响。但需要说明的是，本研究的评价结果中的不利影响，并不代表该项政策制度本身对森林生态系统有负面影响，而是就目前该项政策的实际实施效果而言，对森林生态系统保护有一定的负向影响。而这些负向影响产生的原因，大都是由于政策制度本身不完善，或者政策在执行过程中出现了各种问题所导致的。例如，择伐政策的影响评价结果为"非常不利"，并不是择伐这一制度本身会对生态系统产生不利影响，而是由于三明市转变采伐方式的过程中，择伐代替主伐皆伐会造成森林经营的成本明显增加，尤其是对小规模经营的分散农户而言，他们不愿意进行择伐。于是就造成了三明市目前采伐政策存在着择伐指标过剩，而限额采伐指标过少的问题。择伐政策推行不顺利，没有起到改善森林资源和森林生态系统的作用，反而由于择伐政策推行过程中政府和农民都要承担过高的成本使得政策低效。

从林改相关保障政策制度对森林生态系统影响评价结果来看，社会化服务制度和财政保障制度均对森林生态系统有不利影响，而保险制度对其产生了有利影响。具体到各项政策来看，林业信息管理系统建设、科技服务制度和商业保险政策，对森林生态系统的不利影响非常明显。这是由于林业信息管理系统的建设与科技服务政策的实施，现阶段都存在一定的问题。林业信息管理系统和科技服务政策的服务对象都是林农，而现阶段林农属于受教育水平低的群体，其接受信息和科技服务的能力相对较弱，因此这一类政策在实施过程中都难以快速推行并达到预期的效果。而三明市的政策性保险实施范围很广，几乎覆盖了所有区县的生态公益林和大部分商品林，且商业保险政策目前不完善导致了其实施效果较差。

6.4　林改对森林生态系统影响的成因分析

6.4.1　产权及产权相关制度

本章综合评价的结果表明，三明市于 2005 年完成了主体改革，产权以多种形式明晰到户。从本研究对管理者的调查与访谈可以看出，绝大多数管理者都认为产权明晰以后，林权的分散化、林地的细碎化等问题，都会改变森林生态系统的组成和景观结构。尤其是分散的林地在采伐以后，新的造林无法保持其处于一个完整的森林生态系统之中，因此更新的林地的生态演进过程会受到影响，从而使森林生态系统功能在一定程度上有所丧失，不利于森林资源和生态系统的保护与稳定发展。

除了产权的细分以外，以产权制度为核心的相关制度目前尚未形成完善的制度体系，林改以后现行的林权流转、抵押贷款、合作组织等以产权为核心的制度都存在着政策本身不完善、政策执行出现偏差等问题，而这些问题都会造成林农在现行的政策下，其林业经营的具体行为和活动没有被规范引导，从而由于经营行为的不合理和不规范对森林生态系统产生影响。

首先，从林改以后的林权流转制度来看，在林改初期，由于流转市场的不规范、流转手续复杂等问题，出现了大量的非规范流转，尤其是在主体改革完成初期，许多分到林地的林农不愿意经营林地或为了实现短期的经济效益，将林地流出，由于当时的流转价格较低，又没有经过正常的手续，导致后来出现了大量的林地纠纷。出现纠纷的林地出现了无人经营、无人管理的状态，这对于森林质量和森林生态系统都可能产生不利影响。调查过程中管理者指出，随着林改的不断深入，林权交易市场的建立、林权流转程序的不断完善，逐渐使林权流转规范起来。同时，随着农民对林地资源价值认识的提高，避免了以往由于流转以后林地无人管理的现象，因此有利于森林生态系统的健康成长。

此外，从林改以后林业合作组织相关政策来看，林业合作组织的出现促进了三明市森林经营的规模化发展，而管理者普遍认为适度的规模化经营对森林生态系统有积极的影响。林改以后三明市林业合作组织发展十分迅速，但现有的合作组织的成立大都是以获取采伐指标、统一经营销售等为目的的，缺乏对生态保护的考虑。从我国林业合作组织的整体发展来看，近年来一些合作社已经开始重视森林资源的生态效益，发展林下种植、林下养殖、生态旅游等项目，以生态促经济，具有明显的综合化发展趋势（孔祥智，2013）。三明市目前已经开始大力发展林下经济，可以借此契机，鼓励以林下经济为主的林业合作组织的发展，促进林改生态和经济目标的协调发展。

6.4.2 森林经营相关制度

6.4.2.1 森林资源培育

林改以后，虽然林农的造林积极性大大提高，造林面积迅速增加，但在森林资源培育方面也暴露出越来越多的问题。

首先，林木种苗质量下降。随着林权制度改革的不断深入，林木产权日趋分散，私有化造林育林的比重逐步加大，由于造林业主不同，造林技术、经济实力也不同，造林质量良莠不齐，出现了单方面追求高密度造林的现象，密度大的每亩达到400—500株，有的只造不管，直接影响林木的生长。同时由于产权分散，并受采伐指标的影响，造成采伐面积小，无法按自然地形生产经营，严重影响采伐和造林各项工序的顺利开展，有的山场甚至难以劈草炼山和开设防火路，造林后使林相破碎，且新造幼林又受到周边林木采伐和造林炼山的影响，并交替影响第二轮林木生产经营。

其次，林改以后二代林的造林质量严重滑坡。林改以后，分林到户大大激发了林农造林的积极性。但在实地调研中，管理者普遍认为林改以后的二代林质量大大降低。这主要是由于近年来有的造林主体降低了对营造林的资金和科技投入，管理粗放，抚育次数减少，有的业主认为种树就是造林的全部过程，之后可以任由其自生自灭。这些造林方面的不重视和投入不足都严重影响了二代林的质量，造成了林改以后森林资源质量下降。

最后，抚育间伐管理难度加大。管理者认为，林改以后林政管理的难度进一步加大。在抚育间伐方面，林业主管部门难以有足够的人力和资源去对分散的农户进行监督和管理，因此造成了一些业主贪图眼前利益，未按设计规划标准进行抚育间伐，"拔大毛"现象时有发生。

6.4.2.2 森林采伐限额制度

三明市林权制度改革以后，森林资源管理制度的核心和重点是采伐制度。森林采伐制度是控制森林资源消耗、保护森林资源和维持森林生态系统功能的重要措施，是实现林业可持续发展的重要保障。三明市林权制度改革以后，对采伐政策十分重视。目前三明市采伐政策的实施主要以限额采伐政策为主，同时大力推进林木采伐方式由皆伐向择伐转变的政策，加强源头管理，对三明市森林资源的消耗起到了有效的控制作用。

林改的目标是追求林业的经济和生态双重效益。虽然采伐限额在保护森林生态系统方面是十分行之有效的政策，但采伐限额政策在具体的实施过程中也存在一些问题。林改以后三明市采伐限额政策实施十分严格，农民真正获得的采伐指标很少，难以满足其自身的采伐需求，因此严重打击了林农对森林资源经营的积极性。通过本研究的农户调查可以看出，83%的农户认为采伐指标申请十分困难，他们自己的林地往往到了采伐的林龄，甚至已经成为了过熟林却依然申请不到采伐指标。可见，目前三明市采伐限额制度过于严格，采伐指标数量少与林改以后农户的需求不相适应。

从三明市近年来森林资源的实际状况来看，从2006年林改的主体改革完成以后，三明市森林资源林龄结构发生了很大的变化，成过熟林的比例不断增加（如图6-1所示），2012年成过熟林已经将近一半。这充分证明了林改以后森林资源的采伐需求强烈但无法获得指标的现实情况。由此可见，虽然采伐制度和政策的实施在一定程度上减少了森林资源的消耗量，但从林改以后森林的林龄结构来看，成过熟林的比例过大，并不利于森林生态的稳定和可持续发展。因此，在采伐制度上，今后应当适当放宽，科学引导森林资源采伐行为，一方面尽量满足农户的需求，另一方面使三明市森林资源的林龄结构更加合理，朝着健康稳定的方向不断发展。

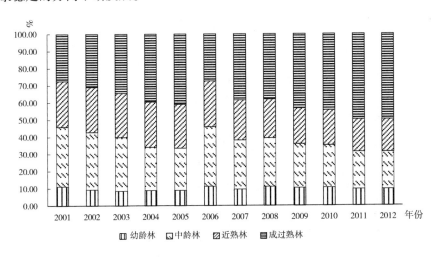

图6-1　三明市2001—2012年森林林龄结构变化情况

Fig. 6-1　Forest plantation age structure change from 2001 to 2012 of Sanming City

6.4.2.3　森林资源管护制度

对于森林资源管护制度，根据管理者综合评价可以看出，森林病虫害防治制度对森林生态系统有着明显的负向影响。在调研中发现，三明市分林到户以后，63%的林农表示自己没有对林地进行病虫害防治措施。而管理者认为，虽然林业部门每年投入大量的资金进行病虫害防治，但是林改以后，大量的森林经营者是分散的农民，若农民对病虫害防治不重视，会对森林资源质量造成很大影响，因为森林生态系统是一个整体，病虫害防治也需要大范围、整体性地进行。因此现行的病虫害防治政策，缺乏对农户行为的约束，他们可以随意地选择防治和不防治，这给整个区域的森林资源保护带来了巨大威胁。如图6-1所示。

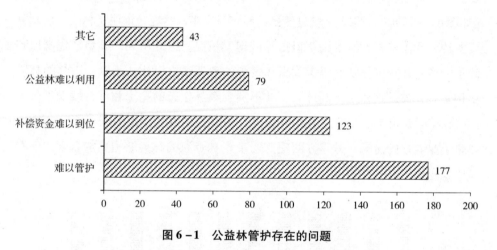

图 6-1　公益林管护存在的问题

Fig 6-1　The problems of non-commercial forest

同时，森林资源管护制度中，公益林管护也十分重要。随着集体商品林主体改革的完成和经营商品林经济效益的提高，生态公益林建设出现了一些新问题，主要表现在以下三个方面：一是管护难保证，商品林改革后，林有主了，群众管护的积极性很高，而生态公益林由于管护主体不明确，管护工作基本落在村两委和少数护林员身上，形成少数人在管多数人在看的现状，不少地方出现"蚂蚁搬家"零星盗伐现象。二是补偿难到位，由于没有落实主体，中央和省级的补偿资金只能补到村委和少数护林员，无法直接补到农民手中，只有明确主体了，补偿资金才能落实到位，农民的权益才能得到维护。三是利用难落实，由于主体没落实，林下利用难开展，生态公益林的经济效益得不到充分发挥，林农保护经营生态公益林的积极性得不到发挥。因此，这些林改以后出现的新问题，也给森林生态系统带来了一定威胁，在今后的改革中必须给予重视和关注。

6.4.3 保障制度

保障制度是为林改以后森林资源经营行为提供技术指导和信息服务等保障性措施的一系列制度。虽然三明市林权制度改革进行得非常顺利，也取得了许多成效，但从保障制度来看，其对森林生态系统产生了一定的影响，这些影响仍然与林改以后森林经营行为密切相关。林业科技指导力度不够、服务不到位。技术、资金、人员短缺，林业技术服务中普遍缺少有价值的实用技术和高新技术，科普宣传、技术指导手段落后，以至有的林农在林木抚育、施肥中出现了盲目经营的现象。因此可以看出，保障制度的不断完善，能为森林资源经营主体的经营行为提供一定的技术指导、信息服务、政策依据以及激励和约束。所以，保障制度的完善是今后深化林改过程中提升森林资源和森林生态系统的重要部分。

（1）林业管理体制林改以后的不适应性

在传统林业管理体制下，林业部门直接介入到林业生产经营的各个方面，从种苗、造林、病虫害防治、林木采伐到木材销售等都由林业部门具体操办，职能不明确，向社会提供服务的主动性不强。林改后，产权明晰到千家万户，林农成为林业生产经营的主体，在种苗、资源培育、管理、生产销售等方面要求林业部门提供高效、便捷的全方位服务。在新的形势下，传统的林业经营管理不能满足广大林农的需求，因此出现了林业管理体制的不适应性，从而会对森林资源产生影响。

（2）林农对科技服务的需求难以满足

林改以后，林农对科技服务的需求更加强烈。林改后，林业经营成果好坏与林农自身利益直接相关，林农比以往任何时候都更加关注科技、需要科技、渴望科技。"种什么？""怎么种？"成为林农最迫切希望得到帮助的问题。从总体上看，林农掌握的林业技术远不如农业，加上教育程度普遍较低，科技文化素质不高，对法律法规政策了解不够。林改后，林农虽然获得了属于自己的森林资产，耕山育林积极性高涨，但如何科学经营管理，切实提高林地生产效益，成为大部分林农的现实困惑。大部分林农对林业知识了解不多，普遍缺乏生产技术和经营管理经验，种苗、整地、造林、管护、采伐利用等各个环节都迫切需要得到全方位、多层次的科技服务。然而目前的科技服务制度尚不完善，难以满足林改以后林农对科技服务的新需求。

（3）林农对信息的需求更为迫切

森林资源只有进入流通市场，才能使死的资产变成活的资本。在林木流转交易过程中，由于林农对市场信息的了解和掌握不够，出现信息不对称，致使利益受到损失。如永安洪田镇洪田村，有两片条件基本相同的人工林，在采伐权流转时，一片山场的业主对市场信息的了解较多，采取招标方式，每亩山场卖1180元，而另一片山场的业主由于缺乏市场信息，每亩仅卖760元。搭建广泛的信息和交易平台，实现资源共享，成为林农的迫切要求。而信息化的实现也对林农经营森林资源、管护森林资源、保护森林资源有着十分重要的意义。

在全力推进集体林权制度改革进程中，永安市率先成立集信息发布、中介服务、林权管理、木竹交易等为一体的林业综合性管理与中介服务机构——林业要素市场。三明市其他县（区）也相继成立同样功能的林业服务中心，并进行联网，逐步建成区域性的林业交易、信息服务平台。林业服务中心作为林业综合性的服务平台，主要对外提供森林资源资产评估、伐区调查设计、木材及林产品检验、木竹交易、劳动力培训等中介服务，受理、办理林木采伐证、运输证、检疫证等证件和征收林业金费和税费，免费提供科技法律咨询，开展林权登记管理，办理林权抵押贷款，发布森林资源流转市场供求信息。

6.5　本章小结

本章基于管理者的视角，对林权制度改革的实施后林农经营对森林生态系统的影响进行了综合评价。林改作为一项综合制度改革，涉及诸多具体的政策和制度，它是以产权改革为核心的一系列林业政策与制度的集合，因此不能简单地判断其对森林生态系统影响的好坏。从本研究的综合评价结果来看，林改实施过程中，不同政策制度的实施，对森林生态系统的影响有所不同，如表6－14所示。

表6－14 各项政策对森林生态系统的影响结果分类

Tab. 6－14 The influence results of policies on forest ecosystem classification

	政策	特点
存在正向影响	林权流转程序的规范 林权交易市场的建立 森林资产评估的规范 合作社经营管理政策 限额采伐政策、森林防火制度 税费减免与优惠、政策性保险等	林改的配套改革政策为主，与林农自身利益的实现密切相关
存在不利影响	确权到户或到组 种苗培育政策 造林设计政策、抚育政策 经营方案编制政策 择伐政策、病虫害防治制度、 信息宣传及信息管理系统建设、 科技服务、生态补偿、 商业性保险等	以森林资源经营有关的政策为主，与林农的经营能力、经营技术等密切相关

通过评价结果可以看出，林权制度改革的诸多制度和政策中，对森林生态系统有利的具体政策主要包括：林权流转程序的规范、林权交易市场的建立、森林资产评估的规范、合作社经营管理政策、限额采伐政策、森林防火制度、税费减免与优惠、政策性保险等。说明三明市林权制度改革以后，以上政策制度实施后，以林农为主体的森林资源经营有利于森林生态系统持续稳定的发展，因此在继续推进林改过程中，应该继续保持和加强政策的实施。

而从评价结果可以看出，对森林生态系统产生负面影响的具体政策制度包括：确权到户或到组、种苗培育政策、造林设计政策、抚育政策、经营方案编制政策、择伐政策、病虫害防治制度、信息宣传及信息管理系统建设、科技服务、生态补偿、商业性保险等。这里需要强调一点，这些政策制度的影响结果为负，并不代表这些政策和制度本身对森林生态系统产生了不利影响，而是林改以后由于政策实施过程中存在各种问题，导致政策的实施没有发挥其应有的作用，因此在政策失效或者政策执行出现偏差的情况下，林农不合理的森林资源经营行为就会对森林生态系统造成负面的影响。所以对于以上政策和制度，在今后继续推进林改的过程中，应针对当前政策制定和实施过程中存在的问题，加以改进和完善，以减少林农资源经营行为对森林生态系统的不利影响。

7 基于农户视角的林改对森林
生态系统的影响分析

　　森林资源是林业生产力、林农收入提高以及森林生态系统持续稳定发展的物质基础和资源基础，而林改的核心内容是在森林生态系统得到保障的基础上，使老百姓通过森林资源经营管理获得收益的问题。林权制度改革以后林农的森林资源经营行为是提高林地生产力、促进森林生态系统可持续发展、巩固林权制度改革成效的关键，也是此次改革能否从根本上促进林业可持续发展的核心问题，由此可见，林农在林权制度改革中具有十分重要的地位。以往对林改与林农的研究中，更多的是关心林农是否在林改中增加收益的问题，甚少有人关注林改以后林农对森林生态系统的保护作用。而从林改的生态效益视角出发，集体林权制度改革以后，林农成为了森林资源的占有者和经营者，他们在森林生态系统保护中的有着举足轻重的地位。只有重视林农对森林生态系统保护中的重要地位并加以科学引导，才能使他们发挥自身在生态保护中的积极作用。

　　目前，三明市集体林权制度改革已经进入深化阶段，林农作为改革的主体，同时也是林改以后森林资源经营的主体，其林业经营过程中的各种活动和行为，都会对改革的客体（森林资源）产生一系列的影响，因此基于农户视角研究改革对森林生态系统的影响具有重要意义。然而林农的行为对森林生态系统产生的这些影响，很难通过客观数据直接证明。但农户作为林权制度改革以后的森林经营主体，他们是改革的参与者，亲身经历了集体林权制度改革的全过程。对其自身经营的林地在林改前后森林生态系统服务功能变化好坏的主观评价，具有重要的参考价值，可以作为判断森林生态系统受林改影响的标准（张颖，2012；李媛，2014）。因此，基于农户主观评价是反映生态系统变化时研究林改对森林生态系统影响的有效方法。

本章基于农户视角，从林改以后林农的森林资源经营行为出发，运用实地调研资料与数据，通过一般性统计分析、结构方程模型和回归分析，探究集体林权制度改革以后农民对森林资源经营的认知、态度、意愿、行为等与森林生态系统服务功能变化的关系，以及森林经营行为的影响因素，进而说明集体林权制度改革可能对森林生态系统造成的影响。

7.1 农户森林经营行为与森林生态系统的关系

森林作为陆地生态系统最重要的组成部分，在发展生产力、改善陆地生态方面均具有重要的作用。而森林资源经营管理，是促进生态修复和森林生态系统健康稳定发展的重要途径。在林权改革过程中，要实现"生态得保障"的目标，其核心问题就是在改革以后新的政策与制度环境下，如何提高森林资源经营水平。集体林权制度改革以后，产权进一步明晰带来最大的变化体现在微观层面则是林农成为了新的森林资源经营管理者。那么林改以后森林资源经营主体的变化与森林生态系统之间究竟存在着怎样的关系，改革的主体行为如何对森林生态系统产生影响，是本章研究的基础和前提。

森林资源经营的概念有广义和狭义之分。广义的森林经营包括森林资源培育、保护与利用。而通常所说的一般是狭义的森林资源经营的概念，即造林、抚育、林分改造、病虫害防治、采伐、迹地更新等各项林业生产经营活动（吴秀丽，2013）。本章对农户森林经营行为的研究，是基于狭义的森林资源经营的概念，对林农林改以后在森林经营各个环节的具体经营管理活动进行研究。

7.1.1 林权制度改革与农户行为的关系

集体林权制度改革的核心任务和内容就是明晰产权，确立农民的经营主体地位。现有的对集体林区农民林业森林资源经营管理行为的研究中，大多学者认为林权制度改革提高了林农林业生产和投资的积极性，有利于森林资源的培育与保护。李周（2008）认为新一轮集体林权制度改革调动了农民森林资源培育和经营的积极性,增加了林农的收入。王洪玉(2009)等指出产权制度是制约林业发展的重要因素,产权政策的稳定能够为林农林业生产创造良好的制度环境,同时,减少林权的约束能够激励农户参与林业生产。刘珉(2012)通过实证研究发现,林权制度改革对农户造林意愿有激励作用。王小军(2013)等通过实证分析认为要提高农户森林经营积极性,需要关注农户家庭、林地、非林生产和林业生产方面的特殊性,优化有助于农户提高营林收益和降低营林成本的制度措施。可见,林权制度改革以后,农户森林资源经营的积极性、经营意愿、参与林业生产活动等行为都会发生一定的变化,而且从现有的研究来看,林改对林农行为存在一定的正向激励作用。

7.1.2 农户森林资源经营行为与森林生态系统的关系

林权制度改革以后农户从事森林资源经营管理的意愿、积极性、具体经营活动等行为都会受到影响。他们在改革之后行为的变化,也必定会对行为的对象(森林生态系统)产生一定的影响。部分学者对农户的森林经营行为对生态系统的影响进行了研究。刘国顺等(2009)认为林农的森林资源经营行为有逐利的特点,并且缺乏科学的经营知识,因此他们在经营活动中就会出现经营方法不科学所导致的破坏生态环境的现象。黄全林等(2011)认为农户对森林资源进行经营利用的利益取向主要是通过对木材的采伐利用,以获得短期的最大化经济利益,他们森林资源经营行为缺乏可持续的森林经营理念。可见,农户在森林资源经营时,的确具有短期和趋利的特点,林改分林到户以后,分散的林农对森林资源的经营行为可能会对森林生态系统产生不利影响。

7.1.3 农户行为及其影响的理论假设

舒尔茨·波普金认为,农民的行为通常是理性的,他们在进行决策时,往往会在比较各种因素之后,根据自身的需求,做出趋利避害的选择(Schultz,1964)。随着近年来农村社会变迁和农民流动的急剧变化,国内学者也通过实证研究、推理演绎等方法从理论上肯定了农民理性的存在(王飞,2012)。因此,在林改以后,林农往往会根据自身的利益诉求,做出最有利于实现自己利益的行为选择,具体则表现在其进行森林资源经营的各项活动上。本章基于农民

"理性行为"理论，提出两个假设：（1）制度变迁使林权进一步明晰，产权明晰导致的利益分配方式的改变能够激发农民参与林业生产经营活动的积极性；（2）农民参与森林资源经营活动积极性的提高，有利于其开展各项森林经营管理活动，从而对森林生态系统产生一定的影响。

7.2 林改后林农森林资源经营行为的特点

7.2.1 调查样本的基本特征

本研究在三明市的 10 个区县，对 1424 户农户进行了问卷调查。在选取样本用户时依据典型抽样和随机抽样相结合的原则，对于常年在外打工的农户问卷样本和问卷数据信息缺失严重不完整的样本进行剔除，最终的总体有效问卷为1372 份，调查问卷有效率达 96.34%。具体调研样本点选取详见表 7 – 1。

表 7 – 1 调研样本村分布表
Tab. 7 – 1 Investigation table of Sanming

区（县）	乡（镇）	村
永安县	贡川镇	延爽村、集凤村
	大湖镇	冲三村、冲四村、大湖村
	古镛镇	张公村
	黄潭镇	将溪村、祖教村
	高唐镇	赖地村、会石村
	南口镇	舍坑村、温坊村、松岭村、里坊村、陈厝村、上仰村、南胜村
将乐县	光明乡	永吉村、光明村
	大源乡	大源村、肖坊村、溪源村、增源村、山坊村
宁化县	湖村镇 安乐乡	邓坊村、陈家村、巫坊村 黄庄村、安乐村

区（县）	乡（镇）	村
明溪县	夏坊乡	夏坊村、李沂村
	盖洋镇	杨地村、葫芦形村
清流县	余朋乡	太山村、芹溪村
	田源乡	新村、田源村
三元区	莘口镇	西际村、莘口村
	岩前镇	白叶坑村、横坑村
梅列区	洋溪镇	新街村、洋口仔村、孝坑村
	陈大镇	砂蕉村、台溪村
沙县	高砂镇	龙慈村、龙坑村、冲厚村
	凤岗镇	际口村、龙坑村
	青州镇	板山村、异州村、胜地村
泰宁县	下渠乡	下渠村、宁路村
	大源乡	大源村
	杉城镇	吕家坊村、丰岩村
	大田乡	大田村、谙下村
尤溪县	溪尾乡	本洋村、长华村、东村、莘田村、溪尾村
	西城乡	北宅村、埔宁、山连村、三山村、上源村

7.2.1.1 样本户主基本情况

从实际调研中户主的基本特征可知，户主性别中男性占到 72.67%，80% 以上的户主年龄分布在 40 岁以上。表明三明市农户家庭户主以年长的男性为主，这符合我国农村的现实情况。从户主的教育程度而言，主要集中在小学和初中，表明在集体林区林农的受教育程度普遍偏低。被调查的农户中，绝大多数的户主健康状况多为良好，表明户主均能较好地投入林业生产经营活动。由于本研究属于大样本研究，涉及的农户数量较多，而在被调调查样本中村干部的比例不高，因此能够较客观实际地反映出广大群众农户的林业生产经营的一般状况（如表 7－2 所示）。

表7 – 2　户主基本特征

Tab. 7 – 2　Chacterics of houldholds

变量	取值范围	样本数	比例
性别	男	997	72.67%
	女	375	27.33%
年龄	30 以下	73	5.32%
	30—40	182	13.27%
	41—50	487	35.50%
	51—60	352	25.66%
	60 以上	278	20.26%
教育程度	文盲	137	9.99%
	小学	427	31.12%
	初中	482	35.13%
	高中	191	13.92%
	大专及以上	135	9.84%
健康状况	良好	892	65.01%
	一般	304	22.16%
	轻度疾病	103	7.51%
	重大疾病	73	5.32%
是否为村干部	是	203	14.80%
	否	1169	85.20%

7.2.1.2　家庭基本情况

从被调查农户的家庭状况来看，调查区域的农户家庭人口数量较多，劳动力数量较少，外出打工人数较少。从被调查农户的资源禀赋来看，样本区域农户家庭森林资源拥有量较大，家庭平均林地总面积为 4.44 hm² （林地总面积中包括流入的林地面积），70% 的样本农户家庭林地面积在 0.33hm² 至 0.67hm² 之间。农户家离林地的平均距离为 3663m。家庭和林地平均距离在 1000m 以下的占总样本的 24.30%，在 5000m 以上的占 12.58%，其余都在 1000m 至 5000m 之间。

表 7-3 被调查户的家庭人口特征

Tab. 7-3 Family population characteristics of the sample

	家庭人口数量（人）	家庭劳动力数量（人）	外出打工人数（人）
众数	4	2	1
平均数	5	3	1

表 7-4 家庭人口及劳动力情况

Tab. 7-4 Description of population and labor force of family

	最小值	最大值	均值	众数	标准差
家庭人口数	1	15	5	4	1.88
家庭劳动力数量	0	10	3	2	1.47
外出打工人数	0	13	1	0	1.33

7.2.1.3 家庭基本情况

从农户的家庭收入和资源情况（如表 7-5 所示），具体从农户家庭收入情况来看，有 50% 以上的样本农户家庭人均年收入低于 10000 元，且林业收入在家庭总收入中所占比重较低，近 60% 大的农户在 1% 以下，表明在三明市目前农户对林业资源依赖度较低。虽然三明市林业资源丰富但耕地资源较少，从实地调研中农户家庭资源情况来看，家庭耕地资源较少，近 60% 的农户家庭耕地面积不足 5 亩，而林业资源的农户家庭拥有量不均，相差较大，主要集中在 10 亩以下及 50 亩以上，在实际调研中我们了解到这主要是由于集体林权制度改革后，有部分地区农户开展了林地流转活动。

表 7-5 农户家庭收入及资源情况

Tab. 7-5 Description of income and natural resource of household

变量	取值范围	样本数	比例
人均年收入	10000 元以下	728	53.06%
	10000—20000 元	297	21.65%
	20000—30000 元	162	11.81%
	30000 元以上	185	13.48%

变量	取值范围	样本数	比例
林业收入占 家庭收入比重	1% 以下	701	51.09%
	1% - 5%	197	14.36%
	5% - 10%	169	12.32%
	10% - 15%	92	6.71%
	15% 以上	213	15.52%
耕地面积	5 亩以下	775	56.49%
	5 - 10 亩	431	31.41%
	10 - 15 亩	87	6.34%
	15 亩以上	79	5.76%
林地面积	10 亩以下	601	43.80%
	10 - 20 亩	267	19.46%
	20 - 50 亩	203	14.80%
	50 亩以上	301	21.94%

7.2.2 林农对林改及森林生态系统变化的认知与态度

林权制度改革的目的在于调动经营主体的积极性,随着林改的深化,各项配套改革也得到了全面推广和实施。本章是基于农户视角来研究林改对森林生态系统的影响,因此农户对于"林改"和"森林生态系统"这两个核心问题的认知,是农户视角下该问题的一个研究基础。这里将通过农户问卷调查的结果来对农户的认知和态度进行分析。

7.2.2.1 农户对林改的认知和态度

农户作为林改以后森林资源经营的主体,他们的对于林改的认知与态度,能够对其森林资源的行为造成影响。因此,分析林农对林改的认知和态度,有助于了解现行的林改政策在基层推进过程中存在的问题,为进一步推进林改提供依据。

(1) 农户林改的满意度

根据农户问卷调查的结果来看,总而言之,农户对林改的满意度较高,79% 的农户表示自己对林改满意,13% 的农户认为一般,仅有 8% 的被调查者表示对林改不满意。图7-1和图7-2是不同的户主特征以及不同资源禀赋和收入条件下，农户林改满意度的比较。从图中统计分析的结果可以看出，一般地，有钱人、村干部、耕地林地多、林业收入和生产性支出多的，对林改的满意度相对较高。而受教育程度较高、年纪偏大的、家庭外出打工人数多的，对林改的满意度就相对偏低。

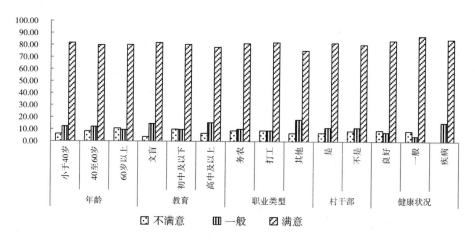

图7-1 不同户主特征下的林改满意度

Fig. 7-1 Satisfaction of forestry tenure reform under the different characteristic of the household

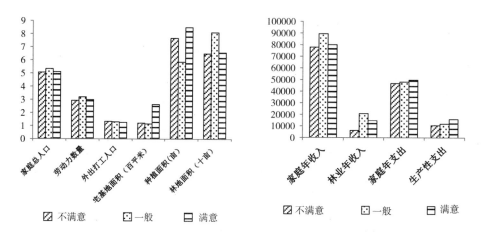

图7-2 不同家庭特征、资源禀赋特征下农户对林改满意程度

Fig. 7-2 Satisfaction of forestry reform under the different family and resource characteristic

在实地调研中也发现，越是受教育程度高的农民，他们能发现的林改中存在的问题就越多，对于林改的抱怨更多。而年纪较大的和外出打工人数多的家庭可能对林业生产本身不感兴趣、参与得少，因此，很难对林改的政策满意。

7.2.2.2　农户对林改后森林生态系统变化的认知和判断

由于森林生态系统的变化具有复杂性，通过与三明市林业部门进行座谈发现，林改前后由于森林生态系统监测的不完善，因此难以通过实际的监测数据对森林生态系统进行系统、综合地评价。然而农户作为林改最重要的主体之一，他们亲身经历了十年林权制度变迁，且他们世代代生活在集体林区，对周围的环境十分熟悉，因此农户对于改革前后生态环境的变化有着切身感受，他们对于森林生态系统变化的评价结果具有较强的参考性。从现有的研究来看，已经有诸多学者基于农户的主观评价研究和探讨了林改与生态环境的关系问题（张颖，2012；张艳，2012；李坦，2012；李媛，2014）。

本研究中的农户对森林生态系统的变化的判断，是指林权制度改革以后，在目前农户的森林经营活动下，与林改前比森林生态系统服务功能发生了哪些变化。在对森林生态系统进行判断的指标选择时，参考了我国《森林生态系统服务功能评估规范（LY/T 1721 - 2008）》中的指标。《评估规范》中指出：森林生态系统的服务功能主要包括八个方面：涵养水源、保育土壤、固碳释氧、积累营养物质、净化大气环境、森林防护、生物多样性保护和森林游憩等功能（如图 7 - 3 所示）。

本研究的农户调查，分别从涵养水源、保育土壤、固碳释氧、积累营养物质、净化大气环境、森林防护、生物多样性保护、森林游憩 8 个方面来研究林改对森林生态系统的影响。在农户调查问卷过程中，分别从林改以后明显变差、稍微变差、没有变化、稍微变好、明显变好 5 个等级进行评价，问卷调查结果详见表 7 - 6。从农户的评价结果可以看出，整体上森林生态系统的服务功能在林改以后有所提高。其中，涵养水源、保育土壤、固碳释氧、净化大气、生物多样性保护功能变好明显，均有 70% 左右的农户认为这几项功能在林改以后变好。积累营养物质功能和森林防护功能有不到 60% 的农户认为这两项功能有变好的趋势，相对于前面几项功能而言，"明显变好"的比例较低。这主要是由于

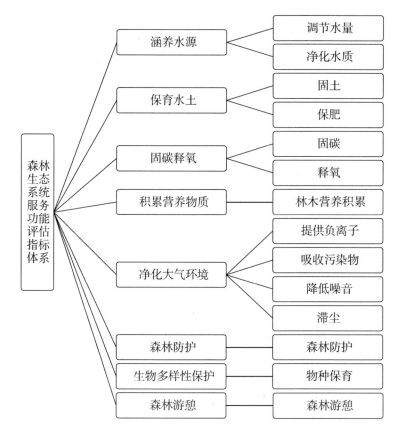

图 7 – 3　森林生态系统服务功能评估指标体系

Fig. 7 – 3　Forest ecosystem service function evaluation index system

林改以后林地的细碎化导致了森林防护难度加大，尤其是病虫害和火灾防治不易造成的。而对于森林游憩功能，超过 70% 的人认为该项功能林改以后没有变化，也主要是由于当地在林改以后，森林旅游发展并不迅速。

表 7 – 6　农户对林改后森林生态系统功能变化的评价结果

Tab. 7 – 6　Evaluation results of forest ecosystem function changes after the reform

变化程度	涵养水源	保育土壤	固碳释氧	积累营养物质	净化大气环境	森林防护	生物多样性保护	森林游憩
明显变差	0.75%	0.00%	0.00%	0.25%	0.75%	2.11%	3.37%	0.00%
稍微变差	4.52%	0.75%	2.49%	1.50%	3.02%	5.15%	7.51%	0.50%

变化程度	涵养水源	保育土壤	固碳释氧	积累营养物质	净化大气环境	森林防护	生物多样性保护	森林游憩
没有变化	25.38%	31.67%	26.93%	41.10%	25.88%	40.28%	19.43%	71.82%
稍微变好	34.42%	32.67%	29.43%	30.58%	28.39%	32.32%	34.72%	11.72%
明显变好	35.68%	34.91%	41.15%	26.82%	42.71%	22.25%	38.34%	15.96%

7.2.3　林农林改后森林经营活动的现状和特点

林权制度改革以后制度的变化导致了林农森林经营活动的变化。而从林农的角度来看，无论是其认知、经营意愿、还是其经营的实际活动，都会直接反映在森林资源经营的诸多方面，从而使森林自身特征和结构等发生变化。

7.2.3.1　林改以后林业收入和森林经营投入的变化

本研究通过农户调查发现，农户林改以后的林业收入增加并不十分明显，仅有30%的农户表示自己林业收入有所增加。这主要是由于林业生产经营周期长，林改以后若林农没有进行过采伐，就很难在林业收入方面有明显的提高。从统计结果来看，73%的农户都表示自己林改以后森林经营的意愿更加强烈，但从实际经营的投入来看，只有三分之一的农户在森林资源经营方面投入了资金和劳动力。由此可见，虽然农户在林改以后有较强的进行林业经营的愿望，但是他们的实际投入非常少。这就反映出一个问题：林改以后，农民更多地是把林地当做一种资产，想占有森林资源，而不是把它当作一种资源进行经营和利用。这样就会造成农户造林但不经营林地的状况，从某种意义上来看不利于森林资源质量的提升。

7.2.3.2　林改以后林农森林资源经营活动

林改以后林农获得了林地，虽然获得林地的方式多样，但以无论是单户的家庭式经营，还是分林到小组的联户经营，以林农为主体的森林资源经营，其森林资源经营的流程基本一致。实地调研过程中，通过参与式访谈的形式，对林农的造林流程进行了调查与讨论。图7-4是通过沙县砂蕉村和际口村的农户参与式访谈总结出的林农经营杉木林的流程。一般而言，当地农户对杉木林进行经营的周期为 25 年，上一个周期结束的次年 2 月份开始新一轮整地造林，造林次年开始抚育，连续抚育 3—5 年。抚育主要是进行除草，一般情况下每年的 6 月和 9 月进行抚育，一年两次。到经营的第十年进行间伐，间伐采取"砍小留大、砍弯留直"的原则进行。间伐以后再过 15 年，等杉木林到成熟期进行主伐。而从造林以后开始，中间各年根据需要进行病虫害防治。对于一般农户而言，若采伐指标难以申请，农户往往会对林木进行流转，将林木所有权进行拍卖获得收益。

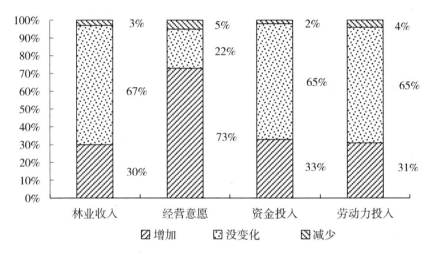

图 7 - 4　林改后农户的林业收入及林业经营投入变化情况

Fig. 7 - 4　Farmer's forest income and investment change after the reform

图 7 - 4 是林改以后林农的标准经营流程，一般情况下林农都会按此流程进行森林资源的经营。但在实际经营活动中，由于资金、劳动力、技术等要素的缺乏，林农的行为受到各种各样因素的影响，实际的经营活动并不一定完备和合理。从实际的农户问卷调查的结果来看，在森林经营活动中，造林环节最受重视，而其后的抚育、间伐、病虫害防治等环节农户参与得较少。

图 7 - 5 为样本农户林改以后是否参与了各项森林资源经营活动。从问卷调查结果来看，农户林改以后有过造林的农户相对较多，但相对于造林活动而言，抚育、病虫害防治、间伐、采伐等活动相对较少。说明很多农户对于造林以后的森林经营行为不够重视。尤其是间伐活动，仅有少部分林农对林地进行了间伐。而在实际调查中发现，进行过间伐活动的林农大多加入了合作组织、或者

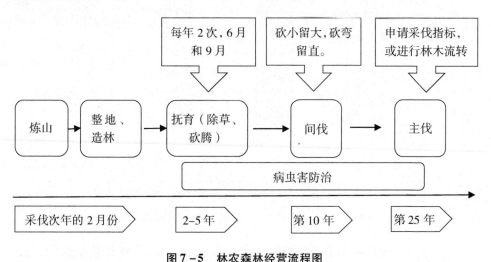

是本村的股份林场，间伐活动往往由合作社或者股份林场统一进行。进一步调查农户没有进行某一项经营活动的原因可以发现，没有进行造林的农户多是由于林改分林到户的林地本身已经成林，不需要重新造林。对于采伐活动，大多数农户没有采伐的原因是林木未到采伐林龄，也有少部分农户未采伐是由于采伐指标难以获取。当问及农户没有进行抚育、病虫害防治以及间伐活动的原因时，一部分农户认为这些经营活动没有必要，一部分农户是由于缺乏时间、资金、劳动力等原因不对其进行后续经营。由此可见，林农在造林以后，其森林资源经营行为存在很多不到位和不规范的情况，这些都将直接导致森林资源质量的下降。实际调查中也有很多农民认为本村的森林资源状况与上一代林相比，质量大不如前。

图 7–5　林农森林经营流程图

Fig. 7–5　The flow chart of farmers forest management

从林改以后林农的森林资源经营意愿和实际经营活动的比较来看，林改以后林农虽然受到了很大的激励，但由于意识较低、自身能力、资金和劳动力缺乏等原因，森林资源经营活动中存在很多问题，经营投入的不足、经营行为的不规范不到位等问题，都将会对森林资源和森林生态系统带来威胁。

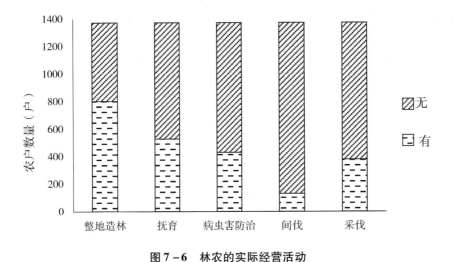

图 7 - 6 林农的实际经营活动

Fig. 7 - 6 Actual afforestation activities of farmers

7.3 基于 SEM 的农户行为对森林生态系统影响分析

从前面农户的认知、态度、经营行为特征可以看出，林改以后林农无论是主观态度，还是实际的森林资源经营行为，都发生了一定的变化。同时，根据农户对当地森林生态系统的主观评价也可以看出，林改以后森林生态系统发生了一定的变化。为了进一步分析农户行为与森林生态系统的关系，本章将采用结构方程模型（SEM）对该问题进行分析和探讨。

7.3.1 农户行为对森林生态系统影响的理论模型构建

7.3.1.1 模型构建的思路

虽然目前国内外学者对于农户的经营意愿或行为越来越关注，但都是对农民的某一意愿或者行为的现实情况进行研究，较少有从某一理论视角出发来研究农户的意愿和行为。本章以计划行为理论作为研究研究农户森林资源经营行为的理论基础，首先系统地梳理了计划行为理论的观点和该理论在相关领域的应用，在此基础上建立农户行为对森林生态系统影响的理论模型。根据构建的理论模型，通过设计问卷进行农户调查得到模型中需要的各变量的实际数据，然后利用调查数据进行分析，并对本研究中所提出的林农行为对森林生态系统影响的结构方程模型进行拟合、修正和解释。

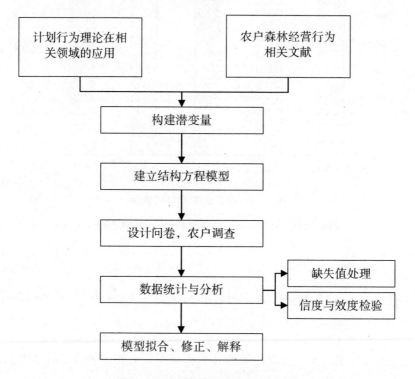

图 7 – 7 模型构建与数据处理思路

Fig. 7 – 7 Model building and data processing

7.3.1.2 理论依据与方法选择

（1）计划行为理论

理性行为理论（Theory of Reasoned Action，TRA）是计划行为理论（Theory of Planned Behavior，TPB）的基础，而在最早的理性行为理论中，其主要观点是人们的行为意愿是决定其行为和决策的最直接的影响因素，而人们的意愿往往不仅受到其态度的影响，还会受到主观规范的影响。行为态度是微观个体在从事某项活动，或进行某种决策时，对自身行为内心的主观感受。人们的行为态度是在自身进行了某一行为以后，对这一行为的自身感受和主观评价。而主观规范也是行为主体的一种主观感受，是人们在做某一决定时，或进行某一行动时，自己感觉受周围人影响下做出的某种选择。

　　计划行为理论最早是由 Icek Ajzen（1988，1991）提出的，是理性行为理论的进一步发展和继承。Ajzen 在研究中发现，人的实际行为并不是完全出于自愿的，而是处在一定的控制之下的。因此，在理性行为理论的基础上，Ajzen 认为应增加一项对自我"行为控制认知"（Perceived Behavior Control）的新概念，于是就发展为现在的计划行为理论。新的计划行为理论中增加了"感知行为"这一新变量，主要是指行为个体自身主观感觉到完成某一行为的难易程度。计划行为理论的模型如图 7 - 8 所示。

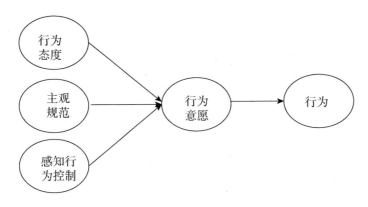

图 7 - 8　计划行为理论模型

Fig. 7 - 8　Planned behavior theory model

　　计划行为理论虽然较以前的理论有所改进，也得到了学者们的广泛认可。但任何理论都不是绝对完善的，计划行为理论在应用过程中也有其不足之处。因此在大量的研究中，计划行为理论往往作为研究的理论基础，再根据实际研究的问题进行一定的调整，对模型进行扩展，解决特定研究中的问题。本研究对农户行为的研究就是基于这一理论，在林权制度改革的背景下，对农户行为的影响因素进行设定，并在此基础上加入了农户对林权制度改革以后森林生态系统变化的认知情况的一组变量，从而分析和研究农户行为对森林生态系统的影响。

　　（2）结构方程模型

　　在一般的实证研究中，模型中通常会遇到两种变量：我们将能进行直接测量的变量称为显变量（Observed Vriable）；而对于有些无法直接进行测量的变量称之为潜变量（Latent Variable）。例如，收入、年龄等因素，在构建模型时，可以对这些变量进行直接的测量；而满意度、健康、公平等变量，虽然是客观存在的，但在大多数研究中难以有统一的标准对这些变量进行直接测量。结构方程模型（Structural Equation Modeling，SEM）就是很好地解决潜变量难以测度问题的方法之一，它是一般线性模型的进一步扩展，可以用于研究显变量和潜变量之间的关系。

结构方程模型其应用最早始于20世纪60年代。1987年Loehlin采用结构方程模型和路径分析模型，详细地对隐变量进行了介绍。结构方程模型近年来在应用统计学领域发展十分迅猛，已经在心理学、管理学、社会学等社科类研究中得到了十分广泛的应用。它最大的特点是可以通过模型的构建，对隐变量进行统计分析。

$$\eta = B\eta + \Gamma\xi + \zeta \tag{1}$$

$$Y = \Lambda_y \eta + \varepsilon \tag{2}$$

$$X = \Lambda_x \xi + \sigma \quad X = \Lambda x\xi + \sigma \tag{3}$$

在以上结构方程模型中，公式（1）为结构模型，公式（2）和公式（3）为测量模型。X、Y分别为外生变量和内生变量组成的向量，ξ为外生潜变量，η为内生潜变量。公式（1）中，B、Γ是结构系数矩阵，ζ为残差矩阵。公式（2）中，Λ_y是内生显变量在内生潜变量上的因子负荷矩阵。公式（3）中，Λx是外生显变量在外生潜变量上的因子负荷矩，ε、$\sigma\sigma$是残差矩阵。

本章对于农户行为与森林生态系统变化的路径研究，存在着多个无法直接观测的潜变量，而且变量数据也存在着一定的测量误差。因此，在分析其关系时，不仅要考虑多个变量之间是否存在相关性，还需要考虑所有要素之间存在的关系，基于逻辑关系设计模型变量之间的关系，进而估计整个模型与实际调查数据拟合的情况。与一般的统计学方法相比，结构方程模型（SEM）能够很好地解决以上问题，因此本章选取了该方法进行研究。

7.3.1.3　显变量与潜变量的设定

（1）理论模型构建

农户是林改以后森林资源经营的主体，考察农户森林资源经营行为需要了解农户行为决策的影响机制，即林改以后受制度变迁的影响，林农的经营行为发生了哪些变化，这些变化如何作用于经营对象（森林）而产生对森林生态系统的影响。为了达到以上目标，本章依据计划行为理论，借鉴该理论在农民行为方面的研究成果，并结合福建三明集体林区林改以后农民森林资源的实际经营管理情况，构建农户森林资源经营行为对生态系统影响的概念模型。具体结构方程模型的构建，考虑了森林资源经营的特点进行了一些改进，将林改以后林农的行为态度（Z1）、感知行为（Z2）、主观规范（Z3）三个潜变量作为影响农户林改以后森林经营意愿的因素作为模型构建的一部分。同时，设立了森林经营意愿（Z4）、森林经营行为（Z5）两个潜变量来测度林权制度改革以后农户森林经营活动的具体情况。此外，设立农户对森林生态系统变化的认知（Z6）这一潜变量来测度改革以后森林生态系统的变化情况。研究所构建的概念模型如图 7-8。模型中共包含六个因素（潜变量），其中，行为态度（Z1）、感知行为（Z2）、主观规范（Z3）三个潜变量是前提变量，森林经营意愿（Z4）、森林经营行为（Z5）、农户对森林生态系统变化的认知（Z6）是结果变量，前三个变量对后三个变量存在着影响（Eugene W. Anderson & Claes Fornell, 2000；殷荣伍, 2000）。

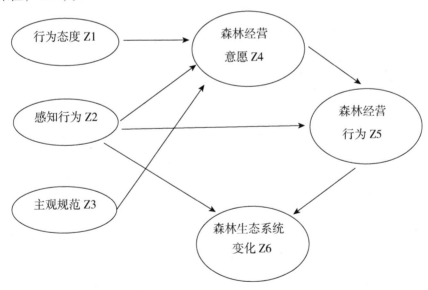

图 7 - 9　结构方程模型路径图

Fig. 7 - 9　Structural equation model path graph

本研究所构建的结构方程模型的基本路径假设如下：

● 行为态度对经营意愿有路径影响；

- 感知行为对经营意愿有路径影响；
- 主观规范对经营意愿有路径影响；
- 经营意愿对经营行为有路径影响；
- 感知行为对经营行为有路径影响；
- 感知行为对生态系统功能变化有路径影响；
- 经营行为对生态系统功能变化有路径影响。

根据本章所构建的结构方程模型，确定了结构方程模型的建立主要需要完成以下任务，具体为包括以下几点：

第一，分别从三个前提变量，讨论农户态度、感知行为、主观规范等具体的变量对林改以后林农的经营意愿产生了哪些影响。

第二，通过农户意愿与行为的路径影响，研究林改以后农户的森林经营意愿对农户实际的经营行为的影响。

第三，通过农户态度、意愿和行为等因素与森林生态系统变化的一组变量的路径关系，研究林改以后农户的态度、意愿、行为对森林生态系统变化的影响。

（2）结构方程模型中各变量的具体含义

构建结构方程的潜变量和显变量的选择，一是基于现有的相关研究，二是借鉴国内外计划行为理论的相关研究成果，三是基于本研究"制度影响行为，行为作用于森林生态系统"的理论假设确定的。

①行为态度

农户的行为态度是在进行某种行为时，对某一事物的主观判断，或对某一决策的主观看法。从现有研究来看，Illukpitiya & Gopalakrishnan（2004）、赵建欣（2007）等都把农户的行为态度这一变量纳入其行为决策的模型中，且大量研究都认为农户积极的态度能够使其产生强烈的行为意愿，或影响其决策。国内的大量研究认为林改以后农民参与林权制度改革的积极性有所提高，而 Willock，J. 等（1999）也认为政策因素会直接对农户的行为产生影响。本研究将主要考察农户对林权制度改革这一政策因素的认知和态度，因此设置了农户对林改的满意程度（x1）、林改是否能够提高收入（x2）、林改是否能够改善森林生态系统（x3）三个方面作为研究农户行为态度（z1）的观测变量。

②感知行为

根据计划行为理论可知，人的行为不仅仅受到态度的影响，同时也会受到其自身感知的影响。行为感知是指行为主体在其意志的控制下感觉到自身执行或者不执行某种行为的程度。具体而言，若行为主体认为执行某一项行为对自身而言比较容易，他们往往就会具有较高的行为感知；相反，若行为主体认为执行某一项行为对自身而言比较困难时，他们往往就会具有较低的行为感知。林农的能力建设在整个制度变迁的过程中扮演着十分重要的角色（蔡晶晶，2011）。农户森林资源经营的行为感知是农户对自身森林资源经营管理能力的一种认知。若他们在林权制度改革分林到户以后，认为自己有能力进行林地的经营管理，则农户在林改后进行森林资源经营的行为感知就越强，从而农户参与森林生态系统经营的意向就越强；反之，农户的意向就越小。通过借鉴前人的研究成果且综合考虑当地实际情况，本研究主要从选择种苗能力（x4）、整地造林能力（x5）、抚育保护能力（x6）、火灾防治能力（x7）、病虫害防治能力（x8）、采伐能力（x9）六个方面的森林资源经营管理能力来测量农户的感知行为（z2）。

③主观规范

林改以后农民所拥有的林地权属进一步明晰，他们对森林资源经营管理意愿发生了变化，当农民在决定是否对林地进行生产经营管理，以及进行哪些生产经营活动时，他们的决策会受到来自周围重要任务或者团体组织的影响。首先，林权制度改革作为一项诱致型制度变迁，无论是主体改革还是配套改革政策的实施，都是以政府和林业主管部门为主导的。因此林农在进行森林资源经营活动的各项决策时，首先就会受到政府和林业主管部门的影响。同时，农民的行为和态度也往往受到家人和周围朋友的影响，因此他们在经营林地时也往往会借鉴他人经营或听取他人的意见。综合考虑外界因素对农户决策的影响，本研究选取了政府对决策的影响（x10）、家人对决策的影响（x11）、邻居朋友对决策（x12）的影响三个方面测度农户的主观规范。

④农户森林经营意愿

林改以后农户森林经营的意愿是指分林到户以后，林农从事森林资源经营管理相关活动的主观愿望。林改以后农户最基本的意愿变化，就是其是否愿意对自己所拥有的森林资源进行经营管理，这是一切生产经营意愿的基础和前提，因此将其作为意愿。本章主要研究农户森林资源经营和森林生态系统的关系和影响，因此在经营意愿变量设置时也考虑到森林生态系统的特点，最终选取了林改以后农户经营林地的意愿（x13）、经营林地时是否愿意种纯林的意愿（x14）、林业经营投资意愿（x15）、购买森林保险的意愿（x16）、生态公益林管护意愿（x17）五个观测变量来测度农户林改以后的森林经营意愿。

⑤农户森林经营行为

森林经营是各种森林培育措施的总称，一般而言，森林经营多指为获得林产品或森林生态效益而开展的森林管理活动，即从宜林地上形成森林起到采伐更新时止的整个过程营林措施的总称，包括抚育采伐、林分改造、林地管理、护林防火、病虫防治等各项生产活动。集体林权制度改革以后，产权的明晰使农户具有森林资源的使用权和经营权，具有一定的非产业化私有林经营管理的特点。从以往大量的研究可以看出，非产业化私有林主数量十分庞大，其经营管理森林的目标也有所差异，因此影响其经营行为的因素很多，包括林主的受教育程度、年龄、家庭收入、拥有的森林面积和年限、距离林地的远近、森林的树种组成、景观的质量等（Zhang Y，2005；Deane P，2003）。

本研究基于森林经营的概念和三明市集体林区农民森林经营的现实过程，将森林经营概括为整地造林、抚育、防火、防治病虫害、采伐等活动。因此本章选取了农户在林改后进行各项活动的多少作为测度农户森林经营行为的因素，具体观测变量包括整地造林（x18）、抚育（x19）、火灾和病虫害防治（x20）、林木采伐（x21）活动的多少这五个因素。

⑥森林生态系统变化

本研究中的森林生态系统的变化，是指林权制度改革以后，在目前农户的森林经营活动下，与林改前比森林生态系统服务功能发生了哪些变化。在对森林生态系统进行判断的指标选择时，参考了我国《森林生态系统服务功能评估规范（LY/T 1721－2008）》中的指标。《评估规范》中指出：森林生态系统的服务功能主要包括八个方面，即涵养水源功能、保育土壤功能、固碳释氧功能、积累营养物质功能、净化大气环境功能、森林防护功能、生物多样性保护功能和森林游憩功能等（如图7－10所示）。目前已经有大量的森林生态系统服务功能的评估研究，但本研究主要是为了分析林权制度改革以后森林生态系统发生的变化，而不是评估森林生态系统服务功能本身，因此采用了农户对森林生态服务功能变化的主观判断来反映这一变化。所以，对于林改以后森林生态系统的变化，选取了涵养水源（x22）、保育土壤（x23）、固碳释氧（x24）、积累营养物质（x25）、净化大气环境（x26）、森林防护（x27）、生物多样性保护（x28）和森林游憩（x29）八个观测变量来进行测度。

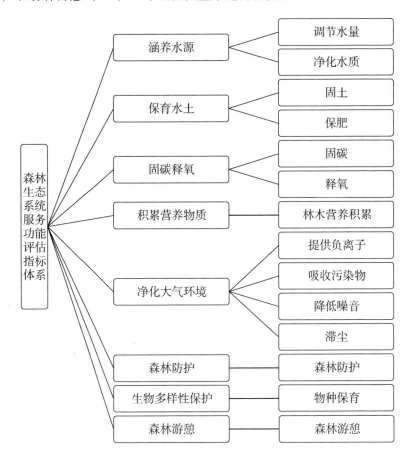

图 7 - 10　森林生态系统服务功能评估指标体系

Fig. 7 - 10　Forest ecosystem servicefunction evaluation index system

基于上述理论分析及相应变量说明，构建了本章研究的结构方程模型如下：

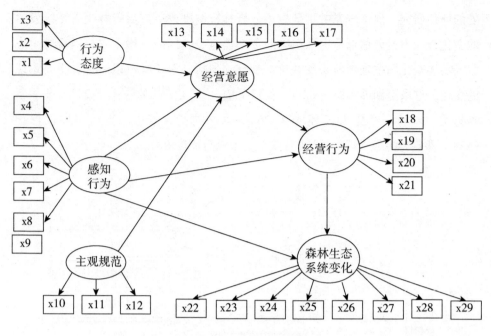

图 7 – 11　结构方程模型

Fig. 7 – 11　SEM model

　　根据本章所构建的理论模型，分别对潜变量和观测变量进行定义和赋值。各个观测变量的赋值均分为五个等级，分别用1—5分来表示。模型变量的含义和变量具体取值标准如表7–7所示。

表 7 – 7　模型变量对应表

Tab. 7 – 7　Model variables and explanation

符号	含义	符号	含义	变量取值
Z1	行为态度	x1	对林改的满意程度	1 = 很不满意；2 = 不太满意；3 = 一般；4 = 比较满意；5 = 非常满意
		x2	林改是否能够提高收入	1 = 作用非常小；2 = 作用较小；3 = 一般；4 = 作用较大；5 = 作用非常大
		x3	林改是否能够改善森林生态系统	同 x2

符号	含义	符号	含义	变量取值
Z2	感知行为	x4	选择种苗能力	1 = 能力很弱；2 = 能力较弱；3 = 一般；4 = 能力较强；5 = 能力很强
		x5	整地造林能力	同 x4
		x6	抚育保护能力	同 x4
		x7	火灾防治能力	同 x4
		x8	病虫害防治能力	同 x4
		x9	采伐能力	同 x4
Z3	主观规范	x10	政府对决策的影响	1 = 影响很小；2 = 影响较小；3 = 一般；4 = 影响较大；5 = 影响很大
		x11	家人对决策的影响	同 x10
		x12	邻居朋友对决策的影响	同 x10
Z4	经营意愿	x13	经营林地的意愿	1 = 非常不愿意；2 = 不太愿意；3 = 一般；4 = 比较愿意；5 = 非常愿意
		x14	种纯林的意愿	同 x13
		x15	林业资金投入意愿	同 x13
		x16	购买森林保险意愿	同 x13
		x17	生态公益林管护意愿	同 x13
Z5	经营行为	x18	整地造林	1 = 非常多；2 = 较多；3 = 一般；4 = 较少；5 = 很少
		x19	抚育	同 x18
		x20	火灾和病虫害防治	同 x18
		x21	林木采伐活动	同 x18

符号	含义	符号	含义	变量取值
Z6	森林生态系统变化	x22	涵养水源	1 = 林改后明显变差；2 稍微变差；3 = 没变化；4 = 稍微变好；5 = 明显变好
		x23	保育土壤	同 x12
		x24	固碳释氧	同 x12
		x25	积累营养物质	同 x12
		x26	净化大气环境	同 x12
		x27	森林防护	同 x12
		x28	生物多样性保护	同 x12
		x29	森林游憩	同 x12

7.3.2　结构方程模型拟合与分析

7.3.2.1　问卷设计与数据收集

根据林改后林农森林经营的一般性特征可以看出，林改以后并非所有农户都参与了森林资源经营活动。许多农民由于家中林地过少等原因，自己并不参与林地经营，因此他们对于林改和森林经营的概念比较模糊，对具体的森林资源经营活动也并不了解，更加无法对林改以后森林生态系统的好坏进行客观和较为准确的判断。因此在实地调研中，在一般性的农户调查基础上，针对林改以后森林资源经营问题，选取林改以后有森林经营活动的农户家庭进行了专项调查。调查对象选取了将乐县、尤溪县共 12 个行政村的 524 户农户。本次专项调查共发放问卷 550 份，回收有效问卷 524 份。在具体处理数据时，采用表列删除法，即在某一个样本中，只要存在某一个指标的缺失，则删除该样本。

7.3.2.2　数据的信度和效度检验

本研究的结构方程模型是通过实际问卷调查所获数据来进行拟合的，为了避免数据本身的问题所带来的拟合结果的偏差，有必要对问卷调查的数据进行信度和效度检验。从现有的各类实证研究来看，对于通过问卷调查所获得的数据，可以通过信度和效度检验来评价问卷数据的质量。

本章在对数据进行结构方程模型拟合之前，首先对问卷中每个潜变量的信度和效度分别进行检验，检验结果如表7-8和表7-9所示。从潜变量的信度检验结果（如表7-8所示）可以看出，每一个潜变量的 Cronbach's Alpha 系数均大于0.7，且总量表的系数达到了0.884，可见，样本的信度检验表明此量表的可靠性较高。

表7-8 变量的信度检验结果
Tab. 7-8 The reliability test results

潜变量 Latent variable		克隆巴赫系数 Cronbach's Alpha
Z1	行为态度	0.846
Z2	感知行为	0.897
Z3	主观规范	0.938
Z4	经营意愿	0.728
Z5	经营行为	0.970
Z6	森林生态系统变化	0.969
总量表（整体信度检验）		0.884

进一步对问卷进行效度检验，结果如表7-9所示。通过检验的结果可以发现，根据 Kaiser（1974）提出的 KMO 衡量值大于0.6的标准，本研究的效度检验中，因子分析的总体 KMO 值为0.916，说明效度较高。Bartlett 球体检验得到的 Approx. Chi - Square 值为12405.3，显著性概率均小于0.001。再对各潜变量分别做因子分析可以发现，各潜变量 KMO 值都在0.7以上。根据以上结果，可以认为问卷数据具有较高相关性，可以表明数据的总体结构效度较好。

表 7 – 9 效度检验结果

Tab. 7 – 9 Reliability and validity testing result

潜变量			可观测变量	标准因子载荷	KMO	Bartlett's test
Z1	行为态度	x1	对林改的满意程度	0.710	0.712	518.907
		x2	林改是否能够提高收入	0.815		
		x3	林改是否能够改善森林生态系统	0.770		
Z2	感知行为	x4	选择种苗能力	0.757	0.884	1940.848
		x5	整地造林能力	0.793		
		x6	抚育保护能力	0.918		
		x7	火灾防治能力	0.812		
		x8	病虫害防治能力	0.714		
		x9	采伐能力	0.136		
Z3	主观规范	x10	政府对决策的影响	0.848	0.747	1106.696
		x11	家人对决策的影响	0.922		
		x12	邻居朋友对决策的影响	0.902		
Z4	经营意愿	x13	经营林地的意愿	0.919	0.734	1202.477
		x14	种纯林的意愿	0.917		
		x15	林业资金投入意愿	0.830		
		x16	购买森林保险意愿	0.500		
		x17	生态公益林管护意愿	0.651		
Z5	经营行为	x18	整地造林	0.957	0.862	2225.3
		x19	抚育	0.917		
		x20	火灾和病虫害防治	0.911		
		x21	林木采伐活动	0.881		

潜变量			可观测变量	标准因子载荷	KMO	Bartlett's test
Z6	森林生态系统变化	x22	涵养水源	0.828	0.951	4275.353
		x23	保育土壤	0.814		
		x24	固碳释氧	0.884		
		x25	积累营养物质	0.767		
		x26	净化大气环境	0.949		
		x27	森林防护	0.805		
		x28	生物多样性保护	0.853		
		x29	森林游憩	0.804		
整体信度检验					0.916	12405.3

7.3.2.3 SEM 模型拟合结果

在现有的研究中，常常用 LISREL、AMOS 和 CALIS 等软件进行结构方程模型的拟合（吴明隆，2009）。由于 AMOS 软件在进行模型拟合时，采用极大似然估计法，大多数情况下极大似然估计法相对其他估计方法结果更佳。因此，本研究采用 AMOS 分析软件对构建的结构方程模型进行拟合。模型拟合结果如表 7 - 10 所示。

表 7 - 10 结构方程模型拟合结果表

Tab. 7 - 10 Results of SEM

	未标准化路径	S. E.	C. R.	P	标准化路径
z4 < - - - z1	0.984	0.14	7.037	* * *	0.373
z4 < - - - z2	0.282	0.098	2.883	* *	0.135
z4 < - - - z3	0.256	0.051	4.977	* * *	0.236
z5 < - - - z2	1.331	0.065	20.365	* * *	0.865
z5 < - - - z4	0.028	0.02	1.373	0.17	0.037
z6 < - - - z5	0.33	0.084	3.942	* * *	0.427
z6 < - - - z2	− 0.297	0.129	− 2.303	*	− 0.249
x1 < - - - z1	1	—	—	—	0.724

	未标准化路径	S. E.	C. R.	P	标准化路径
x2 < − − − z1	1. 239	0. 082	15. 161	＊＊＊	0. 889
x3 < − − − z1	1. 06	0. 072	14. 813	＊＊＊	0. 804
x4 < − − − z2	1. 057	0. 054	19. 399	＊＊＊	0. 824
x5 < − − − z2	1. 062	0. 052	20. 409	＊＊＊	0. 854
x6 < − − − z2	1. 187	0. 047	25. 248	＊＊＊	0. 983
x7 < − − − z2	1. 125	0. 052	21. 772	＊＊＊	0. 892
x8 < − − − z2	1	—	—	—	0. 799
x9 < − − − z2	0. 329	0. 061	5. 419	＊＊＊	0. 27
x10 < − − − z3	0. 853	0. 032	26. 313	＊＊＊	0. 852
x11 < − − − z3	1. 033	0. 029	35. 075	＊＊＊	0. 963
x12 < − − − z3	1	—	—	—	0. 929
x13 < − − − z4	1	—	—	—	0. 953
x14 < − − − z4	1. 047	0. 027	39. 321	＊＊＊	0. 963
x15 < − − − z4	0. 725	0. 029	25. 059	＊＊＊	0. 819
x16 < − − − z4	0. 152	0. 046	3. 286	＊＊	0. 166
x17 < − − − z4	− 0. 006	0. 035	− 0. 18	0. 857	− 0. 009
x18 < − − − z5	1	—	—	—	0. 982
x19 < − − − z5	0. 951	0. 019	50. 004	＊＊＊	0. 947
x20 < − − − z5	0. 959	0. 021	46. 359	＊＊＊	0. 936
x21 < − − − z5	0. 868	0. 022	39. 22	＊＊＊	0. 908
x22 < − − − z6	1. 063	0. 04	26. 44	＊＊＊	0. 888
x23 < − − − z6	0. 95	0. 037	25. 819	＊＊＊	0. 878
x24 < − − − z6	1. 067	0. 035	30. 113	＊＊＊	0. 937
x25 < − − − z6	1. 023	0. 041	25. 109	＊＊＊	0. 867
x26 < − − − z6	1. 181	0. 034	34. 381	＊＊＊	0. 982
x27 < − − − z6	1. 042	0. 04	26. 032	＊＊＊	0. 882
x28 < − − − z6	1. 077	0. 039	27. 823	＊＊＊	0. 907
x29 < − − − z6	1	—	—	—	0. 88

注：＊表示 p 值小于 0.05；＊＊表示 p 值小于 0.01；＊＊＊表示 p 值小于 0.001。

在本研究中，构建的结构方程模型的各项拟合指数如表7-11所示。根据评价拟合指数的标准，可以看出本研究所构建的结构方程在整体拟合度上结果并不十分理想。可能是由于路径不合理或者变量选取不合理造成的，因此需要进一步对模型进行修正。

表7-11　本研究结构方程模型拟合指数结果表

Tab. 7-11　The fitting index of SEM in this study

名称		模型拟合指数结果	评价标准①
绝对拟合指数	RMR	0.130	小于0.05，越小越好
	RMSEA	0.059	小于0.05，越小越好
	χ^2（卡方）	——	越小越好
	GFI	0.846	大于0.9
相对拟合指数	NFI	0.930	大于0.9，越接近1越好
	TLI	0.954	大于0.9，越接近1越好
	CFI	0.958	大于0.9，越接近1越好
信息指数	AIC	1020.855	越小越好
	CAIC	1345.462	越小越好

7.3.2.4　SEM 模型修正与结果分析

根据模型拟合结果（表7-9和表7-10）发现，初始设定的结构方程拟合效果并不十分理想，为了使模型结果更加科学与合理，需要对模型进行修正。对本章所研究的方程，初始模型运算结果如表7-4。首先，从运算结果中可以看出，潜变量经营意愿（z4）对经营行为（z5）的路径影响并不显著，同时可以看出，观测变量x9、x16、x17的标准化相关系数都比较小，分别为0.27、0.166、-0.009。此外，为了让模型得到更好的拟合效果，对模型进行如下修正：

（1）删去潜变量 z4 和 z5 之间的路径；

（2）删除模型中的变量 x9、x16、x17 这三个变量。修改的模型如下图

---

① 表格中给出的是该拟合指数的最优标准，譬如对于 RMSEA，其值小于0.05表示模型拟合较好，在0.05—0.08间表示模型拟合尚可（Browne & Cudeck, 1993），因此在实际研究中，可根据具体情况分析。

所示：

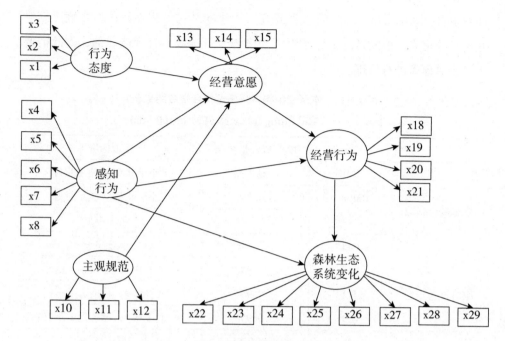

图 7 – 12　修正后的结构方程模型
Fig. 7 – 12　The revised SEM model

修正后结构方程模型的拟合结果如表 7 – 11 所示，从结果表中可以看出各原因变量到结果变量的直接效应，即原因变量（$z1$、$z2$、$z3$）对结果变量（$z4$、$z5$、$z6$）的直接影响。例如表中最后一列的结果，感知行为（$z2$）到经营意愿（$z4$）的标准化路径系数是 0. 137，则表示感知行为对农户经营意愿的直接影响是 0. 137。这说明当其他条件不变时，"感知行为"这一潜变量每提升 1 个单位，"经营意愿"潜变量则将直接提升 0. 137 个单位。其他变量之间的直接影响同理可得。

表 7 – 12　修正后模型的拟合结果表
Tab. 7 – 12　Fitting results of SEM

	未标准化路径	S. E.	C. R.	P	标准化路径
$z4 < - - - z1$	0.983	0. 14	7. 039	* * *	0. 373
$z4 < - - - z2$	0.286	0. 098	2. 932	0. 003	0. 137

	未标准化路径	S. E.	C. R.	P	标准化路径
z4 < – – – z3	0.257	0.051	4.996	* * *	0.237
z5 < – – – z2	1.344	0.066	20.491	* * *	0.871
z6 < – – – z2	– 0.295	0.129	– 2.283	0.022	– 0.248
z6 < – – – z5	0.329	0.084	3.927	* * *	0.426
x1 < – – – z1	1	—	—	—	0.724
x2 < – – – z1	1.238	0.082	15.162	* * *	0.889
x3 < – – – z1	1.06	0.072	14.814	* * *	0.804
x4 < – – – z2	1.056	0.055	19.363	* * *	0.824
x5 < – – – z2	1.062	0.052	20.392	* * *	0.854
x6 < – – – z2	1.188	0.047	25.244	* * *	0.984
x7 < – – – z2	1.125	0.052	21.755	* * *	0.892
x8 < – – – z2	1	—	—	—	0.799
x10 < – – – z3	0.853	0.032	26.314	* * *	0.852
x11 < – – – z3	1.033	0.029	35.076	* * *	0.963
x12 < – – – z3	1	—	—	—	0.929
x13 < – – – z4	1	—	—	—	0.952
x14 < – – – z4	1.048	0.027	39.206	* * *	0.963
x15 < – – – z4	0.725	0.029	25.023	* * *	0.819
x18 < – – – z5	1	—	—	—	0.982
x19 < – – – z5	0.951	0.019	50.045	* * *	0.947
x20 < – – – z5	0.959	0.021	46.517	* * *	0.937
x21 < – – – z5	0.868	0.022	39.317	* * *	0.908
x22 < – – – z6	1.063	0.04	26.444	* * *	0.888
x23 < – – – z6	0.95	0.037	25.822	* * *	0.878
x24 < – – – z6	1.067	0.035	30.117	* * *	0.937
x25 < – – – z6	1.023	0.041	25.112	* * *	0.867
x26 < – – – z6	1.181	0.034	34.385	* * *	0.982
x27 < – – – z6	1.042	0.04	26.036	* * *	0.882
x28 < – – – z6	1.077	0.039	27.826	* * *	0.907
x29 < – – – z6	1	—	—	—	0.88

注：＊为 p 值小于 0.05；＊＊为 p 值小于 0.01；＊＊＊为 p 值小于 0.001。

修正后的结构方程模型拟合度较好，根据计算结果，可以显示出方程中所有变量的路径系数，如图 7 –13 所示。根据路径结果的计算可以得出以下结论：农户的行为态度（z1）对其经营意愿（z4）有正向影响；感知行为（z2）对经营意愿（z4）有正向影响；主观规范（z3）对经营意愿（z4）有正向影响；感知行为（z2）对经营行为（z5）有正向影响；经营行为（z5）对森林生态系统变化有正向影响；感知行为（z2）对森林生态系统变化（z6）有负向影响。

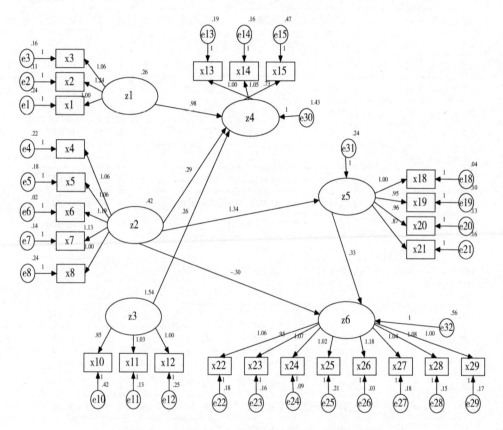

图 7 –13　SEM 模型中的各变量之间的关系

Fig. 7 –13　Coupling relationship of all the latent variables in SEM

7.4 农户森林资源经营行为的影响因素分析

从结构方程模型的结果可以看出，农户的森林资源经营行为对森林生态系统服务功能的影响最为明显，他们之间存在着十分明显的正向路径影响。因此从农户视角来看，提升森林生态系统的有效手段是农户行为的改善，这就需要弄清楚农户的行为具体受到哪些因素的行为。因此本节将基于前面结构方程模型的分析结果，进一步探讨林改以后农户行为在哪些方面发生了变化，影响农户各种经营行为的关键因素是什么。

集体林权制度改革的主体改革完成以后，森林资源产权的明晰带来了两方面的变化，一是经营主体的变化，二是利益分配形式的变化。经营主体落实到农户以后，他们认为林地成为了自己的资产，开始关注林业生产和经营；利益分配形式从公利向私利转化以后，农户收到经济利益的驱使，他们更愿意对森林资源进行经营，以期从林业经营中获取收益。加之林改以后各项配套改革的推进，为林农提供了良好的政策环境，更加促使农户产生了森林资源经营的需求。在新的需求下，他们的森林资源经营管理行为必然会发生变化。

林权制度改革导致的农户森林资源经营行为的变化，在实际的森林资源经营过程中主要体现在两个方面：一是林改以后农户对森林资源的认知发生了变化，他们认识到了森林资源和林地的潜在价值，因此从事森林资源经营的积极性发生了变化，这是改变农户行为的最初动因；二是由于积极性的提高使得农民森林资源经营的各项活动会有所增加。而林改以后农民森林资源经营积极性是否增加、森林资源经营各方面的实际投入是否增加，直接决定了森林经营水平的好坏和森林资源质量的高低。根据实际调查的结果，78%的农户表示自己林改以后积极性有所提高，但现实情况是虽然他们有很高的积极性，却仅有37%的农户表示自己林改以后对森林资源经营的实际投入有所增加。可见，农民主观意识有了很大提高，但林改对其实际经营活动投入的激励不如主观意愿提升的效果显著。因此，研究农户森林资源经营行为受到哪些因素影响是进一步深化改革和制定相关配套政策制度的核心问题。基于此，研究森林经营行为的变化及其影响因素可以从两个方面进行，一是基于农民主体认知的森林资源经营积极性的变化，二是农民在森林经营过程中各项活动的投入。

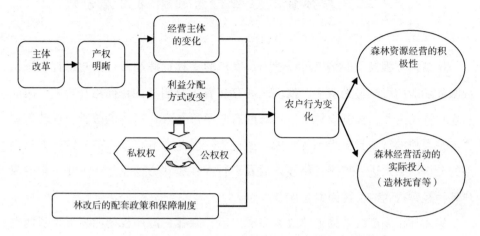

图 7 – 14　林权制度改革对农户森林资源经营行为的影响

Fig. 7 – 14　Forest right reform on the influence mechanism of

farmers forest resources management behavior

7.4.1　指标选取与模型构建

7.4.1.1　指标选取

为研究林改后农户的森林资源经营行为及其影响，选取福建省三明市为研究区域，从林改以后"农民森林资源经营的积极性"和"林改以后森林资源经营各项活动的实际投入"两方面来研究其森林资源经营行为。对于农户林权制度改革以后"积极性是否提高"（Y1）的问题，是通过农户自身的主观判断来衡量，其衡量标准为"是"和"否"。而农户林改以后森林经营活动的变化，通过各项活动（造林、抚育、防治、采伐）的近五年的实际投入来衡量。本研究的农户森林资源经营活动总投入（Y2）主要包括种苗选取投入（Y3）、整地造林投入（Y4）、抚育投入（Y5）、采伐投入（Y6）、灾害防治投入（Y7）五个方面。

本文在选取森林资源经营行为的影响因素指标时，基于前人的研究成果，并结合本研究实地调研过程中的发现，从户主基本特征、农户家庭基本特征、林业生产特征及政策制度特征四个方面对集体林权制度改革以后林农对森林资源经营的积极性和林农对各项经营活动的实际投入影响因素进行分析，具体的变量选择详见表 7 - 13。

表 7 - 13　变量的定义及预期作用方向

Tab. 7 - 13　The definition and the expected direction of the variables

一级变量	二级变量	变量解释
户主基本特征	户主年龄（X1）	连续变量（岁）
	受教育程度（X2）	1 文盲；2 小学；3 初中；4 高中及中专；5 大专以上
	是否村干部（X3）	1 是；0 否
家庭基本特征	家庭劳动力数量（X4）	连续变量（人）
	外出打工总月数（X5）	连续变量（月）
	家庭人均年收入（X6）	连续变量（元/年）
林业生产特征	林地总面积（X7）	连续变量（hm^2）
	林地距离家的平均距离（X8）	连续变量（m）
	林业收入占家庭比重（X9）	连续变量（%）
	森林经营能力（X10）	1 = 非常强；2 = 比较强；3 = 一般；4 = 比较弱；5 = 非常弱
政策制度特征	有无分林到户的林地（X11）	1 有；0 无
	有无林权证（X12）	1 是；0 否
	是否进行过流转（X13）	1 = 是；0 = 否
	是否获得生态公益林补偿（X14）	1 = 是；0 = 否
	是否了解限额采伐政策（X15）	1 = 没听过；2 = 听过但不了解；3 = 了解一些；4 = 申请过但未获得指标；5 = 自己申请过并获得了指标
	是否加入林业专业合作社（X16）	1 = 没听过；2 = 听过但不了解；3 = 了解一些；4 = 非常了解，但自己未加入；5 = 已经加入合作社
	是否了解林权抵押贷款（X17）	1 = 没听过；2 = 听过但不了解；3 = 了解一些；4 = 非常了解，但自己未贷款；5 = 自己进行过抵押贷款
	是否购买森林保险（X18）	1 = 没听过；2 = 听过但不了解；3 = 了解一些；4 = 非常了解，但自己未保险；5 = 自己有森林保险

（1）样本户主特征

本研究选取3个变量来表示户主的基本特征，包括户主年龄（X1）、受教育程度（X2）、是否村干部（X3）。将户主的基本特征作为影响因素是考虑到户主往往具有较强的判断力和决策力，对于家庭森林资源经营行为和生产经营决策有着较大的影响。一般而言，年龄大的户主相对具有更丰富的从事林业生产的经验，对当地的林业资源和政策环境比较熟悉，因此进行林业生产的基本条件更充足；户主受教育程度越高，往往有更强的判断力和决策力；而村干部一般意识和水平相对较高。一方面，他们对林业政策的认知程度较高；另一方面，他们有更多的渠道获得更多信息，因此容易及时作出反应，从而会影响其实际的经营活动。

（2）家庭基本特征

农户家庭基本特征包括：农户家庭劳动力数量（X4）、外出打工人数（X5）、家庭人均年收入（X6）。人力资本对农民收入增长有显著的正影响，是影响农民收入增长的最关键因素（朱韵洁，2011）。那么在集体林区，人力资本对林农的收入也会产生很大影响。一般地，农户家庭劳动力数量越多，能够投入森林资源经营的劳动力数量越大。Reardon（1994）等在研究中提出，农业投入减少的一个重要因素就是非农活动的增加。因此可以假设外出打工人数多的家庭从事农业和林业生产的劳动力就偏少，森林资源生产经营积极性会相对较弱；家庭人均年收入高的家庭，往往更有资本优势，能够投入林业生产的资金更充足。

（3）林业经营特征

农户的林业经营特征主要包括家庭所拥有的林地面积（X7）、林地离家的平均距离（X8）、林业收入占总收入的比重（X9）、森林经营的能力（X10）。林地面积、林地距离都是森林资源经营对象本身的特征。经营对象的特征会对森林资源经营主体的行为有一定影响。一般而言，农户拥有林地的总面积越大，林改后其经营的积极性更有可能会大大提升。而林地离家的距离越近，经营起来就更加方便，农户经营的意愿往往更加强烈。林业收入占家庭收入的比重越大，说明家庭对林业的依赖越大，则森林资源经营的投入和经营意愿越强烈。森林经营的能力是指农户在森林经营的各个环节是否具备相应的技能。本研究对森林经营能力的测度是农户对自身在对种苗选取、整地造林、抚育、采伐、病虫害、火灾防治六个方面的能力高低的主观判断得分。每一项活动的能力分为"1 = 能力很弱；2 = 能力较弱；3 = 一般；4 = 能力较强；5 = 能力很强"进行打分。农户森林经营能力（X10）就是六项打分的加总得分。

（4）政策制度特征

政策是农民增收的灵魂，政策为农民增收提供制度上的保证，而产权制度是制约林业发展的重要因素（王洪玉，2009）。本文选取的林业政策制度变量主要考虑林业一般经营管理制度和林权制度改革及其相关配套政策措施，具体包括：有无林改分林到户的林地（X11）、有无林权证（X12）、是否进行过流转（X13）、是否获得了生态公益林补偿（X14）、是否了解限额采伐制度（X15）、是否加入林业合作社（X16）、是否了解林权抵押贷款（X17）、是否购买森林保险（X18）。了解林业相关的政策能够使农户得到更多森林资源经营管理方面的信息、提高他们的林业生产能力、增强林农从事森林资源经营管理的信心，提高其森林资源经营积极性与林业生产投入。

7.4.1.2 模型的构建

在构建模型时，根据因变量类型的不同，分别采取不同的回归模型进行分析。对于"积极性是否提高"（Y1），选用二元 logistic 回归模型进行影响因素的分析。回归模型具体如下：

$$\Pr(Y_i = 1) = P_i = \frac{e^{X\beta}}{1 + e^{X\beta}} \qquad (1)$$

$$\Pr(Y_i = 0) = 1 - P_i \qquad (2)$$

$$X_i\beta = \beta_0 + C_i\beta_1 + X_i\beta_2 + T_i\beta_3 + \varepsilon_i \qquad (3)$$

而对农户森林资源经营活动总投入（Y2）及各项投入（Y3 - Y7）的影响因素分析时，采用 Tobit 回归分析方法。回归模型具体如下：Tobit 模型由托宾（Tobin）在 1958 年第一个提出，将在 0 点删失问题的求解作为删失回归模型。运用潜变量将此模型表述成：

$$y_i^* = x_i\beta + \mu_i \qquad (4)$$

$$y_i^* = \begin{cases} 0, 当 y_i^* \leqslant 0 \text{ 时} \\ y_i^*, 当 y_i^* > 0 \text{ 时} \end{cases} \qquad (5)$$

y_i 包括未投入的 0 和有造林投入的人民币的数量。Tobit 模型运用极大似然法将 Probit 与对数似然函数的回归部分结合起来。

7.4.2　农户森林资源经营行为的影响因素分析

基于前面选取的四个层面的 17 个指标，选取 Y1—Y7 作为因变量，分别采用二元 logistic 回归和 Tobit 回归方法对农户各项森林资源经营活动投入的影响因素进行分析，得到的结果如表 7 – 14 所示。从模型估计的结果可以看出，在林权制度改革背景下，农户林业生产积极性的提高和经营活动的投入受户主年龄、是否为村干部、外出打工人数、家庭林地面积、林业收入占总收入的比重、有无林权证、是否加入林业专业合作社等因素的影响都比较显著。

7.4.2.1　户主个人特征对积极性及经营活动投入的影响分析

首先，就户主个人特征对其积极性影响的回归结果来看，户主年龄（X1）、是否为村干部（X3）这两个变量回归结果显著，且系数均为正，说明户主特征对林改以后农户林业生产积极性的提高有显著影响。根据农户调查的结果，户主年龄偏大的对林业生产的积极性较高，这是由于年龄偏大的农户一般具有比较丰富的林业生产经验，对于传统劳作比较熟悉，而年轻人更多地是通过非农劳作获得收入，对林业本身缺乏兴趣。户主为村干部的样本中，林改后林业生产积极性提高的占 87.18%，而户主非村干部的样本积极性提高的仅占 56.14%，这主要是由于林权制度改革以后，相对于一般农户，村干部能更加全面地了解相关政策、掌握更多的信息，因此，他们更容易紧跟改革步伐，充分利用当地的林地资源优势，进行更多的森林资源经营活动，也具有更强烈的经营林业的愿望。

表 7-14　农户积极性及各项经营活动投入的影响因素回归结果

Tab.7-14　Regression results of factors influencing on farmers enthusiasm and various business activities

变量	logistic	Tobit 回归结果					
	积极性 (Y1)	总投入 (Y2)	种苗投入 (Y3)	造林投入 (Y4)	抚育投入 (Y5)	采伐投入 (Y6)	防治投入 (Y7)
X1	0.0734***	-190.60	32.6400	225.50	118.20	-554.10	-0.0293
X2	0.6020	11321.0	-81.3100	15326.0*	-1600.0	-13002.0	-94.9900
X3	2.7170***	-9304.0	191.80	-14700.0	6978.0*	5301.0	401.80**
X4	0.5970*	-3125.0	-446.0	-11933.0**	-352.20	7879.0	147.40**
X5	-0.1070***	655.20	14.80	270.40	59.2900	478.80	0.5880
X6	0.0000***	-0.1840	-0.0139	-0.5570	0.0065	0.9200***	-0.0105**
X7	0.1140***	571.90***	97.4900***	384.30***	37.3500	172.30**	-0.3660
X8	0.0002**	-3.6410	-0.2370	-0.7030	-0.2470	-1.7610	-0.0320
X9	-0.0775***	-592.40	-215.50***	-1134.0**	-105.20	1579.0***	-9.4150
X10	0.3150	3790.0***	295.90	3357.0*	891.10**	7448.0**	39.5100**
X11	0.7460	1775.0	-1571.0	14114.0	-4653.0	-14923.0	-109.80

续表 7 - 14

变量	logistic				Tobit 回归结果			
	积极性 （Y1）	总投入 （Y2）	种苗投入 （Y3）	造林投入 （Y4）	抚育投入 （Y5）	采伐投入 （Y6）	防治投入 （Y7）
X12	0.2530	-3137.0	-1418.0	183.10	-1252.0	46534.0 *	-525.70 ***
X13	1.3920	21434.0	6287.0 ***	-2352.0	19493.0 ***	-3042.0	-60.0
X14	10.6700 ***	63338.0 ***	8192.0 ***	66743.0 ***	17743.0 ***	29952.0	963.50 ***
X15	-1.2810 ***	-14362.0 ***	-2155.0 ***	-14143.0 ***	-4667.0 ***	-10705.0	-243.70 ***
X16	0.4620 ***	4059.0	887.0 *	5458.0 ***	2102.0 *	3951.0	56.320
X17	-0.2250	9786.0 *	1007.0	12519.0 ***	2932.0 *	15468.0 *	81.450
X18	0.3280 ***	-824.10	-646.30	-9367.0 ***	191.40	10567.0 *	-46.910

注：*，**，***分别表示 10%、5%、1% 的置信水平下显著。

从户主个人特征对其森林资源经营活动实际投入的影响回归结果来看，农户的受教育程度（X3）对造林活动的实际投入（Y4）有显著影响，且系数为正，说明林农的受教育程度越高，其在造林方面的投入就会越大。此外，是否为村干部（X3）对抚育活动投入（Y5）和防治投入（Y7）有显著影响，这说明了村干部相对于普通村民而言，他们对造林后的抚育、病虫害防治、森林防火等更加关注，在森林资源保护方面的意识更强，这有利于森林资源质量和生态系统功能的提升。户主个人特征对森林经营的总投资（Y2）、种苗投入（Y3）、采伐投入（Y6）都没有显著的影响。

7.4.2.2 家庭特征对积极性及经营活动投入的影响分析

从农户家庭特征对森林资源经营积极性的影响来看，家庭劳动力数量（X4）对森林资源经营积极性在10%的水平上显著，且系数为正，说明家庭劳动力数量越多，农户的林业生产的积极性就越高。家庭成员外出打工总月数（X5）对积极性在1%的水平上显著且为负，说明该变量对积极性有显著影响，且外出打工总月数越多，其森林资源经营的积极性就越低，这是由于以外出打工为主的家庭，他们往往对森林资源的依赖比较小，而且由于家中一般缺乏劳动力，对森林资源经营的积极性就难以提高。家庭人均年收入（X6）对积极性的影响也十分显著，说明收入较高的家庭其积极性也相对偏高。

从农户家庭特征对其森林资源经营活动实际投入的影响回归结果来看，家庭劳动力数量（X4）对造林投入、防治投入在5%的水平上影响显著。但对造林投入影响的系数为负，对防治投入影响的系数为正，这是由于劳动力数量较多的家庭，他们一般在造林过程中自己可以投入大量的劳动力，于是就可以雇用较少的工人甚至不用进行雇工由自己即可完成造林活动。而本研究中的造林投入没有计算经营林地时自己劳动力的投入，因此家庭劳动力数量较多时，造林投入反而较少。外出打工总月数（X5）对总投入及各项经营活动的投入影响都不显著，这说明虽然外出打工时间多的家庭造林的积极性不高，但他们从事林业生产的实际活动并没有受到明显的影响。这是由于林改以后林农的森林资源经营并不需要花费大量的时间、金钱和劳动力，且林业生产周期很长，即使外出打工的农户也认为外出打工不会影响家中的林地，因此在现实中，许多外出打工的农户家中依然有林地在经营。从家庭人均年收入（X6）的影响情况来看，家庭人均年收入对采伐投入有显著的正向影响，这是由于收入较高的家庭一般在村里属于相对富裕的家庭，他们在社会关系和人际关系方面比较具有优势，因此相对穷人而言更容易申请到采伐指标，因此采伐投入就会相对较高。家庭人均年收入对防治投入的影响明显，且系数为负，这可能是由于收入相对较高的家庭在经营森林资源时追求经济利益的目的性较强，因此他们的经营往往重视造林采伐，而忽视森林资源保护，因此就会对防治投入有负向影响。

7.4.2.3　林业经营特征对积极性及经营活动投入的影响分析

整体而言，林业经营特征的四个变量对于森林经营积极性和经营活动实际投入的影响都比较明显。就其对积极性影响的结果来看，林地总面积、林地距离家庭的平均距离以及林业收入占家庭收入的比重，这三个变量对积极性的影响都十分显著。但森林经营能力对积极性的提升却并没有显著的效果，这说明了森林经营能力虽然能决定森林资源经营水平，但并不是经营能力越高的农户进行经营的积极性就越高。在实地调研中发现，林改以后林农积极性高涨的主要原因是他们认为获得了林地，通过经营林地可以获取收益。可见，对农户积极性最直接的刺激是经济利益，因此他们并不会考虑自身的经营能力是否能满足经营的需要。林改以后的这一现实情况就决定了，无论农户自身经营能力如何，他们都会由于追求经济效益而开始对森林资源进行经营，这可能就会造成其森林资源经营水平不高，甚至会对森林生态系统造成不利影响。

从林业经营特征对其森林资源经营活动实际投入的影响回归结果来看，林地总面积（X7）对总投入、种苗投入、造林投入和采伐投入都有明显的正向影响，说明了森林资源的数量多少对于经营活动投入起着基础作用。林地距离家的平均距离（X8）对各项活动投入均无显著影响。林业收入占家庭收入的比重（X9）对种苗投入、造林投入和采伐投入都有明显的影响，但对种苗投入和造林投入影响为负，对采伐投入的影响为正。这是由于林业收入比重低说明了该家庭对森林资源的依赖度比较低，因此他们对于森林资源经营缺乏积极性，且不会进行过多的投入。但在林改分林到户以后，他们不经营林地，却也希望通过自己所获得的林地获取经济收入，因此就会对森林进行采伐，从而对采伐投入产生负面的影响。森林经营能力（X10）对森林资源经营总投入、抚育投入、采伐投入和防治投入都具有显著的正向影响，这说明了森林经营能力的高低，虽然没有对积极性产生显著影响，但是对于经营的实际活动会产生影响。这是由于经营能力高的农户，往往知道森林经营应该在哪些方面进行投入、投入多少，因此在实际经营活动中，经营能力越强，对各项活动的投入也就越强。这实际上是有利于森林资源经营水平提高的，在未来就会对森林生态系统产生有利影响，因此完善林改过程中也应该更加关注林农经营能力的提升。

7.4.2.4 政策制度特征对积极性及经营活动投入的影响分析

从政策制度对林农林改后森林经营积极性的回归结果来看，林改以后是否获得了生态公益林补偿（X14）、是否了解限额采伐制度（X15）、是否加入林业专业合作社（X16）、是否购买森林保险（X18）均对农户积极性有显著影响。由此可见，林改的政策制度因素对积极性的提升有着十分显著的作用，尤其是与经济利益相关的政策因素，均对林农的积极性有正向影响。

从林改的政策制度特征对其森林资源经营活动实际投入的影响回归结果来看，是否获得公益林补偿、是否了解限额采伐政策对各项活动投入的影响十分明显。因此从实际投入的角度来看，农户也是更加关注自己是否能够通过林地获取收益，从政策制度的激励作用来看，也是通过利益的驱动促使农民进行实际的经营活动。

7.5 本章小结

对森林生态系统的干扰是人类的经营活动造成的。在集体林区，林农作为森林资源经营的主体，其林改以后的经营行为作用于森林生态系统，会对其产生一定的影响。本章基于农户问卷调查，分析了农户森林经营行为与森林生态系统的关系、林改后林农经营行为的特征、基于主观评价的林农经营行为对森林生态系统的影响，以及林农经营行为的影响因素，得出的主要结论如下：

第一，林权制度改革以后，农户对森林经营的认知、态度和意愿都有所增加，他们积极参与了造林活动。同时，农户主观评价结果显示，森林生态系统在林改后各项服务功能发生了变化。从林农实际经营来看，由于意识较低、自身能力、资金和劳动力缺乏等原因，林农在造林后的后续经营活动较少，林农实际经营投入的不足、经营行为的不规范不到位等问题，会直接导致林改以后二代林的资源质量下降。

第二，基于林农的主观评价，分析林农行为对森林生态系统的影响发现：（1）农户的经营意愿受农户的态度、感知行为以及主观规范的影响，且这种影响均为正向的。说明在林改以后，农户对林改的态度好坏能够提升其从事林业生产经营活动的积极性，同时农户具备的基本林业生产经营的能力越高，其生产经营意愿就越强。（2）农户的感知行为对其实际经营行为有明显的正向影响，而农户实际的经营行为对森林生态系统也有明显的正向影响。这说明了农户具备的造林、抚育、病虫害防治等方面的能力对其实际的生产经营行为影响十分明显。农户能力越强，其在实际经营过程中的参与生产经营活动就越频繁，而农户的森林生产经营的实际能力越强，他们的经营行为产生的正外部性就越大，对森林生态系统的正向影响也相对会增强。因此今后应该注重农户自身选择种苗、整地造林、抚育采伐、病虫害防治等各方面能力的提升。

第三，从林农经营行为的影响因素来看，林改的政策和制度因素对于农民的行为有着明显的激励作用，使他们更加积极地参与森林资源经营，但改革带来的政策制度的变化只是在主观意识即生产经营积极性方面有明显的促进作用，而在农民实际的森林资源经营投入方面激励作用不明显。此外，根据研究结果可以看出，对林农积极性和实际投入影响较为显著的因素大都具有通过经济利益影响农户行为的特点，反映出了农户容易受经济利益驱使而从事森林资源经营，而甚少考虑森林资源经营的客观条件以及自身的经营能力。这可能会造成许多林农自身虽不具备一定的经营能力，但为了追逐利益而进行造林等活动，从而由于经营水平不高导致森林资源质量下降，进而对森林生态系统产生不利影响。

8 森林经营政策对改善森林生态系统的有效性分析

森林资源经营管理通常包括森林资源培育、森林资源保护、采伐利用等环节。中国现行的森林资源经营管理离不开政策的引导和规范。从森林资源经营政策制度体系来看，我国在原有的森林法和森林法实施细则的基础上，已经构建起了一个基本的森林资源经营制度体系。此次林权制度改革涉及到集体林经营发展的诸多方面，林改通过明晰所有权、明确经营主体，使原有的经营政策制度的适应性及效率发生了一定变化。从中央到地方，有关部门和各地积极落实措施推进林改，出台了一系列与森林资源经营有关的新的政策和制度，支持森林资源经营的林业政策体系得到了进一步补充和完善。那么新的森林资源经营的政策制度体系对于实现林改生态目标的有效性如何，是否能保证森林生态系统可持续、稳定的发展，是解决林改以后森林资源经营问题的关键问题。

本章将在我国现有的森林资源经营相关政策体系的基础上，从中央、福建省、三明市三个层面，对林改以后新的森林资源经营管理的制度和政策体系进行梳理、归纳和分析，并基于此对不同类型林地经营政策的有效性以及政策的激励和约束机制等问题进行分析和探讨。本章从森林资源经营的角度，对其相关制度与政策进行结构性、系统性的梳理，是对整个政策体系的总体认知和评述，是对前面研究的进一步延展。本章具体内容包括三个部分：一是通过政策的逻辑比较分析和调查中不同相关利益者反映出的问题，对林改以后森林资源经营的政策体系进行系统的分析。二是针对林改以后不同林地类型，对森林资源经营管理政策实施进行比较分析。三是在提升森林生态系统功能方面，进一步分析政策体系在目标、激励与约束机制等方面的有效性。

8.1　林改后森林经营的政策体系与结构分析

政策不能是孤立的、零散的、非系统的，它必须构成一个完整的体系，才能有效地发挥作用，林业政策也不例外（柯水发，2014）。在森林经营方面，国家与地方出台了一系列与森林资源经营有关的法律法规及政策制度，来指导森林经营与利用。这些为引导森林资源经营而制定的法律、政策和制度，为森林经营、提升和保护森林生态系统提供了良好的政策和制度环境。本节从森林资源经营的视角出发，以我国原有的森林经营管理的政策体系为基础，结合林改以后新的政策制度的变化，重新对目前森林资源经营管理的政策体系和结构进行梳理。从综合性法律与政策、森林资源培育、森林资源经营管理、森林资源保护与利用四个方面，对中央、福建省、三明市相关政策进行系统的梳理，能够对现行的森林生态系统经营的政策体系和结构有一个全面的认识和把握。

8.1.1　综合性法律法规及相关政策

我国现有的林业综合性法律法规中，对森林资源经营都提出了相应的目标和要求，对于我国森林生态系统经营有一定的指导意义。《中华人民共和国森林法》（以下简称《森林法》）是我国最早出台的、第一部对林业经济进行组织、领导和管理的基础法律。1984 年《森林法》通过，1998 年第一次对其进行修改。根据 1998 年修改的《森林法》，在 2000 年国家又颁布了《森林法实施条例》。林改以前，从中央到地方，已经形成了以《森林法》为核心的森林资源经营的综合性法律法规及政策体系。其中，涉及到有关森林经营管理的章节主要包括：森林采伐、植树造林和森林经营管理。同时，从 2003 年新一轮林权制度改革开始，从中央到地方，陆续颁布了《关于全面推进集体林权制度改革的意见》《关于加快林业发展的决定》等推进林权制度改革的综合性政策，其中也对森林资源经营的各个方面做出了具体的规定，初步形成了林改以后森林资源经营的综合性法律法规体系，具体政策梳理如表 8－1 所示。

表 8 – 1　森林资源经营的综合性法律法规体系

Tab. 8 – 1　Comprehensive laws and regulations system of the forest

resources management

	法律法规名称	实施时间（年）
中央	《中华人民共和国森林法》	1985
	《中华人民共和国森林法实施条例》	2000
	《中共中央国务院关于加快林业发展的决定》	2003
	《中共中央国务院关于全面推进集体林权制度改革的意见》	2008
福建省	《福建省人民政府关于推进集体林权制度改革的意见》	2003
	《中共福建省委福建省人民政府关于深化集体林权制度改革的意见》	2006
	《福建省人民政府关于进一步加快林业发展的若干意见》	2012
	《福建省人民政府关于进一步深化集体林权制度改革的若干意见》	2013
三明市	《三明市人民政府关于进一步深化集体林权制度改革的实施意见》	2003

从森林资源经营的综合性法律法规体系来看，《关于加快林业发展的决定》（2003），是我国林业进入一个新时期的标志，这一时间期我国林业从木材生产为主转向以生态建设为主。为了全面推进我国集体林林权制度改革，促进我国林业生产力发展，出台了《中共中央国务院关于全面推进集体林权制度改革的意见》（2008）。在中央林业发展重大政策的引导下，福建省和三明市也相应地制定了地方性的综合性政策，对集体林权制度改革以后的森林经营做出了相应规定。

8.1.2　森林资源培育政策

我国林业建设主要是把营林作为基本任务，即培育和管护森林资源。目的是为了提高森林的产量和质量，及时恢复森林，扩大森林资源，保护生态环境。制定森林资源培育政策时宏观控制森林资源，是稳定森林资源、确保森林资源质量和维持森林生态系统可持续发展的需要。森林资源培育政策是指在《森林法》及相关林业政策的基础上，针对森林资源培育环节所采取的切实保护、合理利用、及时更新、科学培育，以提高森林产量和质量，充分发挥森林多种效益的各种政策的总称。在林改以后森林资源经营管理的整个政策体系中，森林资源培育政策是包括种苗生产和管理、植树造林、抚育等相关的政策的集合。

表 8 – 2　森林资源培育相关政策

Tab. 8 – 2　Forest resource cultivation related policies

	政策名称	实施时间（年）
中央	《林木种子生产经营许可证管理办法》	2002
	《林木种子生产、经营档案管理办法》	2008
	《林木种苗工程管理办法》	2001
	《林木种苗质量监督抽查暂行规定》	2002
	《造林质量管理暂行办法》	2002
	《关于开展全民义务植树运动的决议》	1981
	《低效林改造技术规程》（中华人民共和国林业行业标准 LY/T1690 – 2007）	2007
福建省	《杉木速生丰产林栽培技术规程》（DB35/T518 – 2003）、《马尾松速生丰产林栽培技术规程》（DB35/T519 – 2003）	2003
	《关于加快森林资源培育的意见》	2005
	《林木种子生产经营许可证管理办法》	200
三明市	《三明市林业局关于抓好低质天然林改造监督管理的通知》	2006
	《三明市林业局关于进一步做好天然残次林改造工作的通知》	2008
	《三明市林业局关于抓好低质天然林改造监督管理的通知》	2006

从中央层面的森林资源培育政策体系来看：首先，在林木种苗管理政策方面，以《种子法》为基础，林业部门对种苗生产和管理制定了一系列政策。《林木种子生产经营许可证管理办法》明确了林木种子生产许可证和林木种子经营许可证的审核、发放和管理工作由县级以上人民政府林业行政主管部门负责。规定从事主要林木商品种子生产的单位和个人应当取得林木种子生产许可证，按许可证的规定经营。《林木种子生产、经营档案管理办法》加强了对林木种子生产、经营行为的监管，使得种子具有可追溯性。《林木种苗工程管理办法》在组织管理、设计与施工管理、计划与资金管理、监督和检查验收等方面做了具

体的规定。《林木种苗质量监督抽查暂行规定》规定了抽查方案、对象、频次及对抽查的一些行为的规范。其次，在造林育林方面，《关于开展全民义务植树运动的决议》明确了我国义务植树的相关规定。《造林质量管理暂行办法》在进一步加强造林质量管理，提高造林成效，就计划管理、设计管理、种子管理、施工管理、抚育管护、工程项目管理、检查验收管理、信息档案管理、奖惩管理等方面做了详细的规范。《低效林改造技术规程》明确了低效林是人为因素或诱导自然因素的作用所致。对低效林的改造方式与技术要求、作业设计、施工与监理、检查验收、监测与档案管理给出了相应的技术标准及要求。

从福建省、三明市的地方性森林资源培育政策体系来看，在执行和实施中央政策的基础上，福建省和三明市也制定了地方性的政策，以引导和规范森林资源培育。福建省先后制定了《关于加快森林资源培育的意见》《福建省林木种苗发展纲要》《林木种子生产经营许可证管理办法》以及《杉木速生丰产林栽培技术规程》《马尾松速生丰产林栽培技术规程》等地方性技术规程，对林木种苗的生产和管理、造林育林等方面做出了相应的规定和技术指导。

8.1.3　森林资源经营管理政策

森林资源经营管理政策是以提高林地生产力、合理经营管理森林资源等为目的，对森林资源进行规划、采伐、流转、合作等方面的经营管理进行引导和规范的相关政策。林权制度改革以后，森林资源经营管理政策的范围进一步扩大，内容也更加丰富。本研究在对森林资源经营管理政策进行梳理和总结时，分为森林经营方案编制政策、森林限额采伐政策、林地林木流转政策、林业合作组织发展政策四个方面。

8.1.3.1　森林经营方案编制

森林经营方案的科学编制对于森林资源的合理、科学、健康的经营有着重要意义。对于改革以后的经营主体而言，制定森林经营方案能够引导和规范其森林资源经营的各项活动，使森林资源发挥多种效益。林改以后的细碎化经营给森林经营方案的编制带来了一定的困难，但为了实现林改以后森林生态目标，森林经营方案的编制显得十分重要。

表 8 – 3　森林经营方案编制相关政策

Tab. 8 – 3　Forest management plan establishment relevant policy

	政策名称	颁布时间（年）	主要内容及实施情况
中央	《森林经营方案编制与实施纲要》（试行）	2006	为了科学合理引导我国各地进行森林经营方案编制工作，规范森林资源经营，规定森林经营方案的一个经理期为十年。对于经营对象是工业原料林的，森林经营方案编制的一个经理期可以为五年。指出要科学地发展森林经营，确定了编案单位和程序、编案内容和要求、森林生态系统分析与评价标准及森林区划与组织森林经营类型，规范了森林经营规划设计、非木质资源经营与森林游憩规划、森林健康与生物多样性保护等内容
福建省	《福建省县级森林经营规划编制指南》和《福建省森林经营方案编制技术规定（试行)》	2014	《指南》要求各县在编制森林经营规划时应紧密围绕森林经营活动，对于森林可持续经营的相关要素，如森林资源培育、保护、利用和经营管理等，提供科学指导和依据。《技术规定》中明确了指南编制的期限、单位、主要内容等

　　从中央的森林经营方案编制的相关政策来看，《森林经营方案编制与实施纲要》（试行），具有重要意义，填补了森林经营方案编制过程中科学技术指导的空缺，使得方案编制更加科学和全面，是我国各地实施森林经营方案编制的纲领性政策。《纲要》指出要科学地发展森林经营，确定了编案单位和程序、编案内容和要求、森林生态系统分析与评价标准及森林区划与组织森林经营类型，规范了森林经营规划设计、非木质资源经营与森林游憩规划、森林健康与生物多样性保护等内容。从地方森林经营方案编制的相关政策来看，福建省出台了《福建省县级森林经营规划编制指南》和《福建省森林经营方案编制技术规定（试行)》，对各县编制森林经营规划提出了要求，并作出了相应的技术指导。而三明市层面，目前没有关于森林经营方案编制的单项政策法规。

8.1.3.2　森林采伐政策

　　森林采伐限额制度，有利于森林资源的保护，降低森林资源消耗，有利于实现林业的可持续发展。森林采伐政策是森林经营管理政策的核心，而限额采伐政策则在当前森林采伐相关政策中占据主导地位。《森林法》第三十条提供了法律依据：木材每年的生产计划由国家统一制定。每年的木材生产计划限定在当年采伐限额范围内。根据此项法律规定，中央和地方在森林采伐政策方面做出了一系列政策规定。

表 8 - 4　森林采伐政策

Tab. 8 - 4　Deforestation policies

	政策名称	颁布时间（年）
中央	《森林采伐更新管理办法》	1987，2011 修订
	《关于调整人工用材林采伐管理政策的通知》	2002
	《关于完善人工商品林采伐管理的意见》	2003
	《关于加强工业原料林采伐管理的通知》	2006
	《关于加强农田防护林采伐更新管理的通知》	2006
	《商品林采伐限额结转管理办法》	2011
	《关于改革和完善集体林木采伐管理的意见》 《关于进一步改革和完善集体林采伐管理的意见》 《关于严格天然林采伐管理的意见》	2009 2014 2013
福建省	《福建省森林采伐管理办法》	2002
	《福建省森林采伐技术规范》	2006
	《福建省林业厅关于转变林木采伐方式促进森林可持续经营的通知》	2011
	《福建省林业厅关于推进林木采伐方式由皆伐向择伐转变有关问题的通知》	2011
	《福建省林业厅关于印发福建省用材林主伐皆伐改择伐主要技术规定（试行）》	2011

	政策名称	颁布时间（年）
三明市	《关于实行林木采伐审批告知制度的通知》	2001
	《关于规范林木采伐计划分配和使用管理的意见》	2007
	《三明市林业局关于落实海峡两岸现代林业合作实验区林木采伐管理试点工作的意见》	2007
	《三明市林业局关于加快推进森林采伐制度及其配套改革的通知》	2008
	《三明市林业局关于林木采伐规划审核有关问题的通知》	2008

从中央层面来看，在森林采伐更新方面，1987 年制定实施了《森林采伐更新管理办法》，并于 2011 年进行修订。该办法对森林采伐的种类，采伐许可证的管理，用材林的主伐方式及其技术规程，水库和湖泊周围、江河和干渠两岸、铁路和公路干线两侧等特殊地带森林采伐的特殊要求，国营林业局和国营、集体林场采伐作业的技术规程，采伐更新后的检查验收等，做出了明确具体的规定。同时还提出了优先发展人工更新，人工促进天然更新、天然更新相结合的森林更新原则，以及更新质量必须达到的具体标准。2003 年国家对人工商品林采伐办法进行了调整，要求依法编制和实施森林经营方案的人工商品林，根据森林经营方案确定的合理年森林采伐量制定采伐限额。在 2009 年，《关于改革和完善集体林木采伐管理的意见》由国家林业局颁布，为进一步完善集体林林权制度改革的政策体系迈出了关键性的一步，成为林改以后森林采伐政策的关键性指导政策。

从地方层面来看：《福建省森林采伐管理办法》规定了对森林采伐实行限额采伐制度和凭证采伐制度，并对商品材采伐实行年度木材生产计划制度，成为了福建省森林采伐的基础性政策。2011 年《福建省用材林主伐皆伐改择伐主要技术规定（试行）》下发全省执行，该文件对开展用材林主伐皆伐改择伐的原则把握、技术要求、监督检查和政策保障都做了具体规定，对全省推进用材林主伐皆伐改择伐工作具有很强的指导意义，对推行森林近自然经营，提高森林质量、扩大森林面积、优化森林结构、增加森林蓄积、增强森林生态功能，恢复和重建森林生态系统，建设"森林福建"具有重要意义。三明市根据中央和省层面的政策指导，也制定了森林采伐相关的政策，如《关于实行林木采伐审批告知制度的通知》《关于规范林木采伐计划分配和使用管理的意见》《三明市林业局关于落实海峡两岸现代林业合作实验区林木采伐管理试点工作的意见》《三明市林业局关于加快推进森林采伐制度及其配套改革的通知》《三明市林业局关于林木采伐规划审核有关问题的通知》等，对限额采伐制度在三明市的实施做出了详细的规范和引导。

8.1.3.3 林地林木流转政策

随着社会主义市场经济的发展，森林资源逐步进入交易市场，特别是集体林权制度改革后，森林资源流转更加活跃。林地林木流转政策是集体林权制度改革以后森林资源经营政策体系中的重要部分，补充和完善了原有的政策体系框架。根据《森林法》第十五条，林地转让只限于商品林林地的使用权。为了规范和引导森林资源流转行为，中央和地方都制定了相关政策。如表 8-5 所示。

表 8-5 林权流转政策

Tab. 8-5 Forest rights circulation policy

	政策名称	颁布时间（年）
中央	《关于切实加强集体林权流转管理工作的意见》	2009
福建省	《福建省森林资源转让条例》	1997
	《福建省森林资源转让条例》（修订）	2005
三明市	《关于加强森林资源流转管理工作的意见》	2005

从中央层面来看，按照中央林业工作会议的精神，国家林业局颁布了集体林权流转管理等政策指导文件。2009 年实施了《关于切实加强集体林权流转管理工作的意见》，意见中把集体林权流转管理工作提到了一个新的高度，对指导思想和原则、流转规范化、后续问题处理、服务平台建设、组织管理等方面都有了详细且全面的规定。从地方层面来看，省人大常委会于 2005 年 9 月通过对《福建省森林资源转让条例》的修订，并从 2005 年 12 月 1 日起正式施行。修订后的《福建省森林资源流转条例》取消了林业主管部门对森林资源流转的审批环节，简化流转程序，并进一步明确规定了如何保证流转的方式、保留价等公平民主，例如通过召开村民会议、政府批准、森林资源评估等方式。新条例为

进一步规范森林资源流转行为提供了有力的法规保障。

8.1.4　森林资源保护相关政策

森林资源保护与利用是森林资源经营管理的两个重要部分，森林资源的有效保护可以提高森林资源质量，使森林生态系统健康可持续发展，保障生态安全。我国森林资源保护形势十分严峻，按照我国确定的到 2050 年森林覆盖率达到并稳定在 26% 以上的发展目标，届时全国林地最低保有量要达到 46.5 亿亩，这是中国林地资源的"红线"。为了保护好森林资源，中央和地方在森林病虫害与火灾防治、生态公益林补偿与管护等方面出台了一系列政策文件。如表 8 - 6 所示。

表 8 - 6　森林资源保护政策

Tab. 8 - 6　Forest resources protection policy

	政策名称	颁布时间（年）
中央	《森林病虫害防治条例》	1989
	《关于进一步加强森林病虫害防治工作的决定》	1997
	《国务院办公厅关于加强森林资源保护管理工作的通知》	2004
	《关于进一步加强森林防火工作的通知》	2004
	《森林防火条例》	2008
	《国家级公益林管理办法》	2013
	《关于进一步加强林业有害生物防治工作的意见》	2014
福建省	《福建省生态公益林管理办法》	2005
	《关于生态公益林保护和经营利用有关问题的通知》	2007
	《福建省森林防火条例》	2013
三明市	《三明市开展创新生态公益林管护机制改革实施方案》	2007
	《三明市林业局关于生态公益林采伐管理有关问题的通知》	2003

从中央层面来看，国家在病虫害防治、森林防火、公益林管理等方面制定的政策，都是为了引导和规范森林资源保护行为，使森林资源经营过程中森林

资源及森林生态系统能够得到保护。从地方层面来看，福建省在森林防火方面制定了《福建省森林防火条例》。而福建省在生态公益林管理方面其政策制定的时间要早于中央层面的政策，说明福建省在公益林管护方面重视认识和重视程度较高。同时三明市在创新生态公益林管护机制方面做出了巨大努力，沙县和永安市的公益林创新机制的实行都取得了明显的成效。

8.1.5 林业公共财政及金融支持政策

从中央层面来看：（1）公益林补偿与管护政策。从我国实行公益林补偿制度以来，各级政府提高了国家级公益林的补偿标准。中央财政从 2010 年起，对属于集体林的国家级公益林，补偿标准由每年每亩 5 元提高到 10 元。（2）林业税费政策。我国 2002 年制定的《森林植被恢复费征收使用管理暂行办法》，规定不同林种按每年 2 元—10 元/亩的征收标准进行征收，每年我国能够征收近 70 亿元。此外，2009 年开始实施的《育林基金基金征收使用管理办法》中降低了育林基金的征收标准。新办法中将原来的育林基金的征收标准由 20% 降低为不超过 10%。大幅度地减少育林基金，为林业生产者经营者减少了相应的生产经营成本。（3）森林保险政策。2009 年财政部开展了中央财政森林保险保费补贴试点工作，选取了江西、福建、湖南三个省中央财政补贴比例不分公益林和商品林，都为 30%。2010 年扩大试点省区的范围，新增浙江、辽宁和云南三个省，补贴比例由 30% 提高到了 50%。2011 年，广东、广西、四川等 3 省区又纳入了试点省区范围。（4）林权抵押贷款。2009 年颁布《关于做好集体林权制度改革与林业发展金融服务工作的指导意见》，提出了关于林业贷款周期、财政贴息和林业融资担保等方面的指导意见。如"充分利用财政贴息政策，增加林业贴息贷款政策覆盖面""林业贷款期限最长可为 10 年""鼓励各类担保机构开办林业贷款融资担保业务"等。但是，林木生产周期长、见效慢、受自然灾害影响大等不利因素，决定了一些金融机构对林业融资不够重视。如表 8 - 7 所示。

表8-7　林业公共财政及金融支持政策

Tab. 8 –7　Forestry public financial policy and financial support

	政策名称	颁布时间（年）
中央	《森林资源资产抵押登记办法（试行）》	2004
	《关于做好森林保险试点工作有关事项的通知》	2009
福建省	《福建省森林生态效益补偿基金管理暂行办法》	2010
	《关于建立生态公益林补偿制度的意见》	2005
三明市	《关于全面推进林权抵押贷款工作的意见》	2006
	《沙县县级森林生态效益补偿资金筹集和使用管理暂行办法》	2007
	《永安市创新生态公益林补偿机制试点工作方案》	2007

从地方层面来看，福建省和三明市在中央政策的指导下，也制定了相关政策，对地方森林公共政策及金融支持政策给出了相应的引导和规范。其中最具三明特色的就是创新公益林补偿机制的相关政策。沙县探索新的补偿机制，将补偿标准提高。永安、沙县等地进行了建立县级森林生态效益补偿机制的探索，来解决目前补偿标准偏低的问题，成效初显。2007年4月26日，《沙县县级森林生态效益补偿资金筹集和使用管理暂行办法》由沙县政府出台，县级生态公益林补偿机制得以建立。

多渠道筹集补偿资金：（1）县级财政20万元资金；（2）从受益单位筹集20万元水源涵养资金；（3）从木材生产两费计征价上浮部分（5%）筹集资金40万元。全县可筹集补偿资金80万元/年。补偿标准如下：一级保护2.5元/亩/年；二级保护1.5元/亩/年；三级保护1元/亩/年。《永安市创新生态公益林补偿机制试点工作方案》规定补偿金征收标准：（1）征收水费附加费0.01/吨；（2）林木采伐10元/立方米；（3）旅游风景区按门票收入的8%；（4）水电附加费0.005元/千瓦时。永安市每年可筹集资金达到160万元，平均生态公益林可以提高补偿资金2元/亩。补偿标准采取"一定三年"的办法执行。永安市和沙县，通过建立县级森林生态效益补偿制度，取得显著成效。其他县（区）也在积极争取，学习沙县和永安的做法。

8.1.6 林业社会化服务体系建设政策

三明市是南方重点集体林区，林业是主导产业，是广大农民最重要的经济来源。南方集体林权制度改革以后，广大林农对森林资源经营产生了多种需求，对建立和健全林业社会化服务体系产生强烈的需求。在产权明晰的改革现实下，林业合作组织的建设是当前林业社会服务体系建设的重点，其对于实现多种经营形式、形成林地规模化经营有着一定的促进作用。为了适应新形势，出现了并快速发展了各种新型的经营组织，并且具有专业化、规模化。目前，全国已有 25 个省区市成立 4.35 万个林业合作经济组织，增加 39%；1654 万户联合农户，与去年同期相比增长 48%；1.5 亿亩经营林地面积，增长 15%。其中，1.4 万个农民林业专业合作社，502 万户入社农户，4670 万亩合作经营林地。因此，林改以后中央和地方都对建立健全林业社会化服务体系，尤其是促进林业合作组织的发展制定了相应的政策加以引导。如表 8-8 所示。

表 8-8 林业社会化服务体系建设相关政策

Tab. 8-8 Construction socialization service system of forestry policy

	政策名称	颁布时间（年）
中央	《中华人民共和国农民专业合作社法》	2006
	《关于促进农民林业专业合作社发展的指导意见》	2009
	《关于确定首批创建全国农民林业专业合作社示范县活动的通知》	2011
福建省	《关于扶持农民专业合作示范社建设的若干意见》	2011
	《福建省林业厅关于组织开展创建农民林业专业合作社示范县活动的通知》	2011
三明市	《关于建立健全林业社会化服务体系促进林农合作组织发展的意见》	2005
	《关于推进林业合作经济组织建设的实施意见》	2007

从中央到地方，林业合作组织的发展都成为了林改以后林业社会化服务体系建立的主要内容。而三明市更是在林改主体改革完成之际，就对林农合作组织的发展制定了引导性政策。目前，三明市多元和多样化的经营主体和形式模

式已经形成，但是，规模经营与林地分散，小农户和大市场之间的矛盾越来越明显。因此，三明市积极促进林农增效，逐渐规范和发展，以规范促进发展，大力发展林业合作经济组织，努力促进林业规模经营。

8.2　不同类型林地经营的政策有效性分析

集体林改革以后，与森林资源经营相关的微观层面的问题，一是所有制形式，二是经营管理的科学性。三明市集体林权制度改革最大的创新之处在于针对不同类型的林地，其产权明晰的方式有所不同。明晰产权单独发证的包括自留山、毛竹、经济林等山林，其他的山林家庭承包到村民小组或自然村等。前一种确权的方式下，形成了分散的农户家庭小规模经营。而后一种确权方式下，村民小组或自然村等内部成员共同拥有的山林，不管是股份还是合作社经营，其经营的特点都是具有一定的规模、经营的"利益"到户的特点。以上两种类型的林地区别在于经营主体、经营规模的不同，但这两种类型的林地都属于商品林。此外，在集体林权制度改革中，生态公益林管护机制改革是集体林权制度改革的继续和延伸，是建设生态文明的重要内容之一。对于不同类型的林地，在现行政策的实施过程中，对于森林生态系统经营和保护而言，其有效性存在一定的差异。因此，有必要针对林改分林到户的林地、共同体经营的林地、生态公益林这三种类型林地，对其政策有效性进行分析。如表 8-9 所示。

表 8-9　林改后不同林地类型及其经营形式
Tab. 8-9　Different forest types and operation form after the reform

林地类型	经营形式
分林到户的林地	单户经营
集体、共同体经营的林地	大户、联户、股份林场、合作社、企业经营等
生态公益林	股份均山，联户管护；责任承包，专业管护；相对集中，委托管护等

8.2.1　分林到户的林地

新一轮集体林权制度改革过程中，产权明晰的主要形式就是分林到户。从三明市改革以后的现实情况来看，三分之二的集体林地已经以分林到户的形式分到了农户手中。农民刚刚分到林地时，对森林资源的获得感到十分满足，其林业生产经营意愿十分强烈。但农户在家庭经营过程中，由于林业生产周期长的特点，农民获得林地后短时期内难以获得收益，同时随着林地细碎化、单户经营在造林、抚育、病虫害防治等方面的成本高、风险大等问题日益突出，农户就会意识到单户的林地经营存在诸多问题和困难。因此他们对于森林经营的各个环节、各个方面都产生了诸多的需求。尤其是深化林改阶段各项配套政策的实施，为林地规模化经营提供了各种发展机会，此时单户经营的农户对于分林到户的林地就产生了合作、流转、抵押等方面的需求。

从一般农户的角度来看，在现行的政策实施情况下，林改以后他们对于森林经营产生了各种需求。在林改的配套改革中，制定了相关的政策和规范来满足林农的需求，如规范林地流转、发展林业合作组织、建立林权抵押贷款制度等。政策的制定为林农的森林经营提供了良好的政策环境，有利于对单户农户的森林经营活动进行激励和约束，引导他们更加科学、有计划地进行各项经营活动。从政策操作层面来看，当前政策的实施对单户的林农经营管理效果的提升并不明显，主要有两方面原因：一是林农自身意识和能力的问题。调查中发现真正从事林业生产活动的林农，其受教育水平有限，因此在对政策环境的认识上比较滞后，缺乏积极地提高森林资源经营水平的意识。同时调查还发现，从事林业生产的大部分林农，并不具有很强的森林资源经营管理的能力，尤其是对森林资源培育、抚育等技术掌握不足，因此很难对其所拥有的林地进行科学合理的经营。二是政策本身的问题。由于各项配套改革政策不完善，在现实操作中存在手续复杂、门槛过高、宣传不到位等问题，就会导致效率的低下。例如，规范的流转需要经过林权登记、变更等一系列复杂的程序，而正是由于手续繁杂，林农往往在现实中采取非规范流转的方式来进行，这就使原本的政策虚置，效率不高。

从管理者的角度来看，在现行的政策实施情况下，林改以后分林到户主体改革的完成，使森林资源经营的微观主体更加具体化、数量也大大增加，这就给林政管理工作带来了很多困难。现行的政策体系在解决这些困难方面存在一定的缺陷与不足，也对政策的有效性产生了不利影响。例如，单户的林地经营，给限额采伐政策的实施带来了很多困难。在经营主体数量增多的情况下，采伐指标并没有增加，而要把一定数量的采伐指标科学合理地分配给更多的经营者，就增加了林业主管部门的工作量，同时增加了农户与林业主管部门之间的矛盾，大大降低了政策的效率。如图 8 - 1 所示。

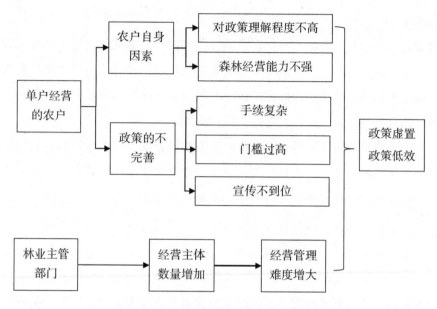

图 8 - 1　单户经营下政策低效的原因

Fig. 8 - 1　The cause of the inefficient policyoperating under the single - family management

8.2.2　集体、共同体经营的林地

三明市林改以后，出现了多元化的林地经营形式，除分林到户以后的单户经营以外，林改以后存在着一部分集体经营或共同体经营的林地。这一类型林地的经营形式存在主要是由于两方面原因造成的。其一，由于历史原因，三明市在新一轮集体林改之前，很多集体林地以各种形式承包给企业、合作组织、股份林场、甚至是林业经营大户，而在林改进行分林到户的改革时，这部分集体林的承包期限未到，暂时无法重新分配。为了不进行多次分林到户，在承包到期以后有些林地依然归集体经营，一部分林地以分林到自然村、分林到村小组的形式进行重新分配，因此就形成了村小组、自然村等森林经营的共同体。

其二，林权制度改革以后，由于分散农户产生了规模化经营的需求，林地流转、合作等经营行为日益增加，就形成了联户经营、合作社经营、股份林场经营等多种共同体经营的形式。

对于有一定规模的、由集体经营或者共同体经营的这部分林地，目前的经营管理过程中，也是以追求其经济利益最大化为主，在提高森林经营管理水平和保障生态系统可持续发展过程中，并没有形成一个政策的统筹，经营管理中存在着很多问题，制约了政策的有效性。

第一，林权证的发放和使用缺乏灵活性。林改以后，以共同体为经营主体的森林资源经营管理过程中，一个最大的问题就林权证的发放和使用问题。以"分林到组"的经营形式为例，虽然林改以后产权明晰到村小组的每一个人，村小组所有成员都享有共同的林地经营权和收益权，但这一本共同的林权证，在使用过程中，尤其是林权流转、抵押贷款等政策的实施中受到了很大的限制。由于林权证只有一本（或者有多个副本但每一本内容均相同），因此在进行林地林木流转或者抵押贷款时，需要经过所有持证人的一致同意方可进行，这无形中就增加了政策执行的难度，因此对于共同体经营的这一类集体林，林权证的使用缺乏灵活性，从而降低了政策实施的效率。

第二，缺乏相应的扶持林业合作组织发展的政策。经过几十年的发展，我国农业合作组织已经相当成熟，但林业合作经济组织有别于农业合作组织，缺少针对林业合作组织的专门政策，致使国家和地方扶持资金并没有完全落实到林业行业。这具体表现在：一是合作经济组织从金融部门获得的信贷支持力度不够，并且有太多的限制条件。二是林业专业合作社创办的鼓励方面，工商、税务部门的税费优惠政策和简化注册登记措施还不到位。三是三明市目前虽然制定出台了"三免三补三优先"的优惠扶持政策，但涉及的部门较多，相关部门没有制定具体的实施细则和配套措施，致使扶持政策难以落实到位，林业合作经济组织从政策上获利不明显，林农合作经营的积极性不高。

8.2.3 生态公益林

通过本章对三明市森林生态补偿与公益林管护问题的分析，发现福建省三明市正积极探索创新机制。在公益林补偿方面，积极探索生态公益林补偿方式，按照政府投入为主，受益者合理承担的原则，多渠道筹集资金。在公益林管护方面，对生态公益林采取与用材林捆绑式管护的办法，并试行生态林下套种珍贵树种，深入开展大种珍贵树种活动，探索生态公益林保护和利用相结合的新路子。但是，通过研究发现，三明市的公益林补偿与管护制度存在两个主要问题，制约了公益林生态效益的实现。

第一，"补偿"和"补助"有着很大差距。从三明市的现状来看，是难以体现出"受益者付费"原则的"补助"，没有按照森林生态效益进行标准制定。当前的生态公益林补偿只是对集体生态林管护人员的不完全工资补偿。"补助"的标准普遍相同或相似，差别很小，难以体现奖惩原则，使生态补偿变成了林农的福利，因此这种福利化的"补助"，无法对林农进行公益林管护起到激励作用。如何变"福利"为"激励"，仍是三明生态公益林监管面临的主要问题，有待进一步探索与完善。

第二，从生态公益林管护的现实情况来看，目前的生态公益林管护只是一般的看护，其作用仅限于防火防病虫害等，没有体现出公益林管理和经营方面的目标，因此目前的管护制度并不是以提高森林生态服务功能为目标的。对于管护的补偿，标准偏低难以对管护形成有效的激励，因此缺乏补偿和管护的利益联动机制，就难以不断提升生态公益林的质量和水平。

8.3　提升森林生态系统功能的政策有效性分析

8.3.1　政策目标的有效性

政策目标方面，森林生态系统经营的目标是以追求生态效益最大化为目标的，而三明市集体林权制度改革以后现实的森林经营主体是广大林农。作为一个理性的、独立的"经济人"，林农的目标是实现集体林经济效益最大化。追求森林的生态效益可以认为是"公众"的一种利益，而林农追求经济利益则是"私人"目标的体现。农民在集体林经营过程中不会太关注生态保护，况且农民清楚自己的生态保护行为所产生的外部效益是无法得到经济回报或补偿的。在农民个体之间这就形成了典型的"囚徒困境"博弈情形，其结果是"私人"理性不等于"公众"理性，即农民个人之间总是采取有利于自己经济目标最大化的策略，而不是有利于公众的生态目标最大化的策略。农民的这种策略在集体林经营上可能表现为，营造短期内可收获的速生林、纯林以及超额采伐等，这种策略的后果是大大破坏了集体林的生态系统。因此传统的生态保护政策在目标上与集体林权制度主体改革后农民的"私人"目标不相适应。

追求生态效益的公利和追求经济利益的私利之间存在矛盾，就导致了林改后森林经营追求经济和生态双重目标的实现具有一定阻力。虽然改革将经济和生态作为两大目标，但实际操作中却常常将经济效益放在首位。但是随着生态文明建设的要求和改革的不断深化，当林权改革的经济部分完成之后，林权改革的目标必然会转向偏向生态功能的生态效益领域，使二者在更高层面上最终达到和谐一致。就当前的政策实施来看，林改以后公利和私利之间的矛盾问题没有得到根本的解决，现阶段追逐私利的目标更为明显。因此，三明市深化林改中必须重视生态功能的实现。

8.3.2 政策激励与约束机制

8.3.2.1 政策激励机制的有效性分析

第一，林权制度改革以后，对于森林资源经营者而言，最大的激励作用在于产权的明晰大大提高了农民森林资源经营的积极性。三明市林权制度改革过程中，在保持林地集体所有不变的基础上，做到所有权和使用权清晰，坚持以家庭承包经营为主体。林地使用权、林木所有权和经营权落实到户，对广大林农而言起到了极大的激励作用。

第二，三明市在主体改革过程中规定，必须及时进行林权登记，发换统一式样的林权证，维护林农权益。林权登记，发换林权证，增强了林农森林资源权属意识，也使他们减少了对长期以来林业政策的不稳定的担忧。

第三，生态公益林补偿与管护机制，是提升森林生态系统经营的有效激励机制。三明市依据国家以及福建省的各项政策与制度，积极探索生态公益林补偿新机制，研究制定森林生态效益补偿的具体办法，取得了一定的成效，并形成了具有三明特色的生态公益林补偿与管护机制。尽管目前仍然存在补偿标准低、部分管护主体难以落实等问题，但生态公益林补偿与管护制度对三明市森林生态功能的提升做出了非常重要的贡献。

第四，合作组织发展相关政策使森林资源经营朝着健康稳定的方向发展。三明林改以后，林业合作组织的相关政策有利于促进林地的规模化经营。林改以后森林资源经营方面，对森林生态系统最大的威胁之一就是林地的破碎化问题，小规模的林地经营对造林抚育、病虫害与火灾防治都带来了一定的困难。而规模化经营却有利于解决这些问题，有利于森林资源质量和森林生态系统功能的提升。因此可以说，林业合作组织相关政策的制定和实施，是通过实现林地的规模化经营发挥其政策有效性的。

8.3.2.2 政策约束机制的有效性分析

从约束机制的角度来看，对于森林生态系统的可持续健康经营而言，目前森林经营的政策体系下，最有效的约束机制就是森林采伐政策的实施。林改以后，商品林限额采伐政策的实施、转变采伐方式政策的实施，都是通过约束森林资源经营者的行为、以控制森林资源消耗量来实现森林生态系统的稳定可持续发展，因此该政策发挥了重要的作用。

生态公益林管护制度，也是提升生态系统功能的有效约束机制。自三明市划定生态公益林范围以来，对生态公益林实行了严格的保护，通过对生态林资源的保护，林分质量进一步提高，森林的"三防"体系建设得到进一步加强，森林火灾发生率和受害率均控制在上级下达的责任目标以内，严格征占用林地审批制度，做到"占一补一"，防止了林地逆转，森林生态环境明显好转，一些自然灾害明显下降。

8.3.2.3 政策激励与约束机制的缺失

根据前面各章的研究可以看出，三明市在林权制度改革以后，制度变化所带来的森林资源经营主体的经营行为会对森林生态系统产生一定的影响。这些影响主要体现在林改以后天然林被人工林置换；森林结构逐渐向纯林、针叶林转变；森林资源经营过程中抚育、病虫害防治等有利于森林生态系统的经营活动缺失等，这些都是制度变化作用于森林资源经营主体造成的。在林改以后森林资源经营主体进一步明确和具体化以后，政策的引导和规范对于广大森林资源经营主体的经营行为有着重大意义。

但在现行的政策体系下，以森林资源质量和生态系统功能提升为目标的政策激励与约束机制有所缺失，导致了森林资源经营者在森林资源经营过程中未能得到正确的引导，其经营行为仅仅是从个人私利出发进行的。例如，林改以后的造林，应该选择什么样的树种，在当前的政策环境下，缺乏相应的激励和约束机制，因此林改以后获得林地的林农一般都会选择当地的传统树种杉木、马尾松，且在造林时更是会选择比较好经营管理的纯林。同样地，根据本研究对林农森林资源经营能力的调查结果来看，大量的农户在种苗选择、抚育、采伐方面都缺乏经验，因此林改以后森林资源经营主体对于林地的经营实际上不够科学和规范的。而从现行的政策体系来看，虽然从中央到地方，都对森林经营的各个环节出台了相应的政策，但林改以后这些政策和制度都没有发生太大的变化，已经开始出现政策的低效。例如种苗、抚育、森林经营方案编制等方面的政策在林改以后分散经营的特点下已经出现了不适应性，没有能够很好地为普通农民提供森林经营的引导和规范。因此应该针对林改以后森林资源经营中存在的新问题，对原有的政策进行改进和完善，以期实现林改的生态目标。

8.4　本章小结

新一轮集体林权制度改革涉及集体林经营发展的诸多方面，对于实现林改生态目标而言，森林资源经营的相关政策是关键。本章在原有的森林经营政策的基础上，结合林改以后新的制度安排，对林改后新的森林资源经营政策体系进行了梳理和归纳，并在此基础上分析了现有政策的有效性。这方面的结果如下：

第一，林改以后新的森林资源经营政策体系包括了综合性法律法规之外，森林资源培育、森林资源经营管理、森林资源保护、公共财政及金融支持和社会化服务体系建设等方面内容。从中央到地方，原有的一些森林资源经营政策出现了不适应性，尤其是一些引导林农朝着有利于森林生态系统经营的政策缺乏有效性。例如在分散的林农经营下如何科学编制森林经营方案、公益林补偿标准低和管护积极性不高等问题。

第二，林改以后由于经营主体不同，因此不同类型的林地在实现生态目标方面的政策需求也有所不同。（1）分林到户进行单户经营的林地，由于农户自身意识和水平低、配套改革政策不完善导致了农户诸多的经营需求短时期内难以满足，从而造成政策低效。（2）对于集体、共同体经营的林地，目前的经营管理过程中，以追求其经济利益最大化为主，在提高森林经营管理水平和保障生态系统可持续发展过程中，并没有形成一个政策的统筹，经营管理中存在着很多问题，制约了政策的有效性。（3）对于生态公益林而言，目前的生态公益林补偿标准低，补偿的"福利化"特点导致林农管护积极性不高。同时，护林员对公益林的管护只是一般的看护，管护和补偿缺乏利益联动机制，难以提高管护的效果。

第三，三明市林改以后，林农追求经济利益与林改的生态目标之间的冲突，造成了林改的政策目标缺乏有效性，因此在今后政策的制定过程中，应该将森林生态系统功能的提升作为重要的政策目标之一。此外，从林改以后的森林资源经营政策的激励和约束机制来看，现有的政策对农民行为有一定的激励和约束作用，但这些激励和约束机制在改善林改后森林生态系统方面有所缺失。

9 研究结论与对策建议

9.1 研究的主要结论

本研究是在集体林权制度改革背景下，研究制度改革对森林生态系统的影响。研究的主要内容包括林改对森林生态系统影响的制度原理、生态系统变化评价、林改政策对森林生态系统影响综合评价、林农行为对森林生态系统的影响分析以及林改后森林资源经营政策的有效性分析等。

首先，从林改对森林生态系统的影响机制看，林改是通过制度变化作用于森林资源经营主体行为，进而由森林资源经营行为对森林生态系统产生具体影响。从制度变迁视角看，集体林权制度改革作为一项制度变迁，林改以后所有权、使用权、管理权和利益分配与调整制度都会发生变化，而这些制度的变化会导致林农森林资源经营行为的变化，进而对森林生态系统的生产力、健康与活力、生物多样性等方面产生影响。林改以后以林农为主体的森林资源经营内容、经营形式、经营规模等经营行为的变化，会作用于森林生态系统，从而对其产生影响。

其次，通过各个角度分析林农经营对森林生态系统影响的结果可以发现，林改以后林农经营对森林生态系统的影响主要体现在以下几个方面：

（1）林权制度改革以后，林农的造林活动对森林数量的增加做出了贡献。在新的制度安排下林农对于森林资源经营的认知、态度和意愿都发生了明显的变化，林农参与林业活动的积极性明显提高，其带来的直接结果是林改后林农造林活动的增加使整个区域的森林资源数量增加十分明显。从整个区域的生态格局变化看，表现为林改以后其他生态系统向森林生态系统转化的特点，尤其是林权制度改革的主体改革阶段，林农大量的造林活动使森林生态系统比例增加十分明显。因此在资源数量上，三明市林权制度改革通过激励林农造林，使整个区域的生态状况在林改以后有所好转。

（2）林改以后林农经营的目标和行为选择导致了森林生态系统内部结构的变化。研究发现，林改以后林农的森林经营积极性虽然增加，也进行了大量的造林活动，但他们的森林经营活动更多是以追求经济利益为目标的，对森林资源质量、森林生态系统的提升考虑不足。林农在选择树种时，受到传统习惯和经济利益的影响，都是以杉木、马尾松等用材林和毛竹林为主，于是就产生了大量的人工纯林，且这些人工纯林多为针叶林。因此从生态格局构成与变化的评价结果来看，就呈现出了林改以后三明市大量的灌木林、阔叶林向针叶林转换的特征。而从近年来的采伐情况看，阔叶林的比例略有上升，说明在针叶林大量增加的同时，阔叶林在逐渐减少，这就会最终导致森林生态系统内部结构的变化，而这种结构变化的结果并不是有利于森林生态系统健康稳定发展的。

（3）林农经营能力和投入不足导致林改后森林资源质量不高。林改以后农户造林积性有所提高，但由于意识较低、经营能力不足、资金和劳动力缺乏等原因，林农虽然进行了造林，但造林以后的抚育、间伐、病虫害防治等活动投入较少，造成了行为的不规范和不到位。从农户和管理者的视角，都认为林改以后各类具体经营活动的缺失或不规范，已经对林改以后的二代林的资源质量带来了不利影响。

最后，林改相关政策引导下的林农经营对森林生态系统产生了多种影响。以产权为核心的政策制度安排下林农的行为对森林生态系统表现出有利影响，而与林改相关的经营管理、保障政策制度安排下林农经营对森林生态系统带来了一些不利影响。造成这些不利影响的原因多是由于政策的不完善和政策执行过程中出现了偏差，从而导致林农的经营没有被规范引导，进而对森林生态系统产生了不利的影响。此外，林改以后森林资源经营的政策体系发生了一些变化，针对改善森林生态系统的目标，具体的森林资源经营政策出现了不适应性、激励和约束政策的缺失与不足等问题。因此在今后深化林改过程中，应该对现行不完善的政策加以改进，并针对森林资源经营制定相应的激励和约束政策。

9.2 进一步完善林改的制度体系构建及政策建议

9.2.1 完善林权制度改革的制度体系

集体林权制度改革以后，政府希望能够通过制度的变迁与政策的完善激发林农积极性、提高林地的生产能力、使南方集体林区成为我国最重要的木材供给基地和后备资源基地；老百姓希望在林改以后，能够在林业上得到更多收益、林业产业得到更好的发展，林区能够更加和谐。然而，这些目标的实现，都是以生态目标为前提的，森林生态系统是基础。如果林改以后生态系统遭到破坏，或者有所退化，那么林业生产经营各个方面都会出现严重问题。生态文明建设被提到了一个新高度，在这样一个背景下，建设现代林业，深化林权改革，必须对森林生态系统恢复与保护、森林生态系统质量提升等方面给予更多的关注。因此，下一步深化集体林权制度改革的过程中，必须要实现资源配置和生态建设的双重目标，在双重目标的引导下，进一步构建林改制度体系。政策及制度关系如图9-1所示。

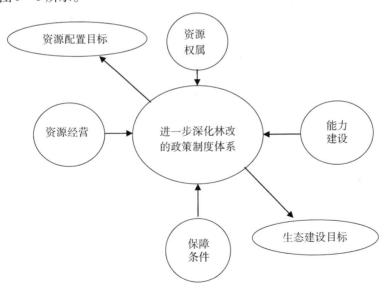

图9-1 进一步深化林改的政策制度体系

Fig. 9-1 Policy system for deepening the forestry tenure reform

　　在体系构建中，基础是资源权属政策及制度，动力是经营利益，能力和需求成为关键因素，基本的政策服务支撑是体系的保障。只有林业经营主体通过合作才能形成林地的规模化经营，实现公平与效率的统一。构建三明市林地规模化经营体系如图9－2所示：

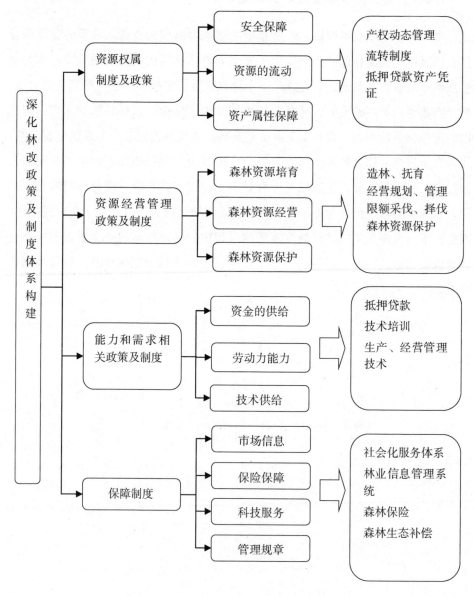

图9－2　三明市深化林改政策及制度体系构建

Fig. 9－2　Policy and system building for deepening the forestry tenure reform

9.2.2 完善林改后资源权属相关政策及制度

对于森林资源而言,进行森林生态系统经营、保障生态稳定和健康发展的基础是森林资源的权属问题,因此,林地的权属是否安全、是否可以自由流转、资产属性是否得到有效的法律保障十分重要。在林业经营过程中,特别是在三明这样的典型集体林区,只有林地林木的权属是安全的,才能进一步实现林地的自由有效流转,实现森林经营的高效发展和林业资源的安全。

9.2.2.1 进一步落实明晰产权的工作

产权明晰是经营主体的一次重构,产权的落实,要既能满足林农对林地林木自主经营的需要,又同时能对森林生态系统加以保护,使其健康稳定发展。三明市将林业产权明晰到村民小组、自然村,形成共有产权和多种经营主体的做法,是一大创新。在今后要继续落实多种形式产权的明晰。在改革实践中坚持因地制宜的原则,科学合理地落实集体产权。对于森林资源产权而言,若产权划分过细,则不利于森林生态系统的稳定性、可持续性;然而也应该避免走向极端,盲目搞大集体。因此应该更准确地把握林改过程中产权明晰的"度",这样才能确保实现林改兴林富民的目标。为此,具体应注意以下几点。

第一,产权明晰和落实的形式要多样化,但应遵循自愿的原则。在实际改革的操作过程中,明显产权不能拘泥于"分林到户"的形式,应该根据当地的资源状况、现实状况进行,允许林改以后产权的多样化形式。但在此过程中,必须充分尊重农民的意愿,使产权落实的形式遵循自愿原则。对于由于历史原因难以确权或分林的森林资源,应给予林农充分的利益分配权,保证其即使不能直接拥有或使用资源,依然有获得"收益"的权利。在自愿原则下进行的确权,无论是何种形式,都将便于森林资源的经营管理,减少集体资产分配过程中的矛盾和纠纷,同时又能保障农户利益的实现,调动林农保护森林资源的积极性,确确保森林生态系统的健康和稳定。

第二,产权明晰过程中需要考虑各相关者的利益。作为一项制度变迁,集体林权制度改革是一次利益再分配和再调整的过程,因此利益的重新分配与调整必然涉及相关者的利益问题。因此在产权分配过程中,从中央到地方相关法律法规和政策的制定,必须要考虑林业政策的连续性和稳定性,兼顾各方的合法利益，保持政策长期稳定和林业部门作为政策执行者的权威，这样才能保持各利益相关者对森林资源经营和保护的意愿和行为，维护林区的稳定，实现林改的目标。

第三，引导适度规模经营。对产权明晰到村民小组、自然村或联合体的林地，要进一步引导和规范经营者的经营管理行为，引导共同体的经营、管理、利益分配行为。鼓励普通的农户以各种形式参与到林业合作社、股份林场、家庭林场等新型经营组织当中来，适度扩大以林农为主体的经营规模。中央和地方应制定相关激励政策，对共同体经营、林业合作组织等新型林业经营组织行为进行优惠政策的扶持。进一步推行类似鼓励合作组织发展的"三免、三补、三优先"优惠政策，实现林业的跨越式发展。

9.2.2.2　建立长期稳定的产权动态管理制度

"还利于民，还林于民"的林权改革过程中，产权的明晰是实现林业多种效益和解决"三农"问题的重要制度基础。本研究发现林改确权发证以后，后续的产权明晰措施，如变更登记等没有跟上，导致了林权未能实现动态管理。在今后的深化改革过程中，应长期稳定地明晰集体山林的产权关系，明确集体山林的经营主体。三明市经过数年的林权制度改革，目前在森林资源产权方面已经完成了产权明晰工作，林权证的发放率已达到98%以上，很好地完成了主体改革。本研究发现虽然林权证的到户率很高，但从最早的2003年林权证发放以来，林权变更与登记工作并没有得到很好的推进，产权的明晰与确认还是停留在林权制度改革初期的原始产权登记上。近十多年来，分林到户的林地由于转让、承包、拍卖等进行的非规范流转时，林地权属的变更无论是在林权证上，还是在林业主管部门的权属记录上，都没有得到体现，所以长时间内森林资源产权并不是稳定和明晰的。因此，在今后继续深入推进林权制度改革时，应该及时落实林权的变更登记工作，使林权的明晰实现长期的动态稳定。同时，应在明晰产权基础上，允许继承和转让，保障其合法权益，为农民的林业生产提供良好的产权制度保障。

9.2.2.3　完善流转制度，规范流转市场

经研究发现，林权制度改革以后，三明市森林资源流转现象不断增加，但林地林木流转过程中仍然存在着一定的问题，例如非规范流转现象普遍存在、

规范流转的法律法规和政策宣传力度不够、规范流转的交易市场和中介组织还有待完善等。因此，由于林农意识不高和制度不完善等原因，三明市林权流转过程中已经开始出现了大量的频繁流转以及非规范流转，这些现象都会对森林资源和森林生态系统带来一定影响。基于此，在深化林改过程中应该进一步完善流转制度，规范流转市场。

第一，引导适度流转，避免频繁流转，实现多方共赢。在流转过程中应该根据山林状况，按照林地林木流转的程序，积极引导林农采取现货、限期的方式进行流转。现货是指对于流转的林地林木，仅限于已到采伐年限的林木才可以流转；限期是指林地流转时的流转期限不是按年计算，而是按一个轮伐期进行计算。这样既能充分盘活森林资源，又要防止过度"炒作"归大户、林农失山失地现象发生。

第二，切实加强流转市场的规范性建设。近年来，三明市的森林资源流转时常出现运转不规范，软、硬件设施配备不齐全等问题，对流转的规范性造成了极大障碍。因此，在流转过程中，加强森林资源规范的流转市场十分必要，促进森林资源规范、有序流转，是解决目前非规范流转中存在问题的关键。

第三，解决非规范流转问题。三明市林业改革历程较长，由于历史上存在的林地林木流转存在诸多问题，给目前三明市林改留下了很多隐患。必须积极探索和完善流转制度，寻求解决这些历史遗留问题的办法。具体操作中，应该对新一轮林改之前的流转情况进行摸底，对每一宗流转进行分类与排查。合法合规的、林农满意的应该加以确认，确保流转双方的利益；对于群众不满意的、不合理的非规范流转，根据具体的原因，依法进行妥善的处理。

第四，积极推进流转中介组织的建设。如今，森林资源流转已成为林木经营不可缺少的关键环节。而目前三明市的非规范流转已经给森林资源经营带来了不利影响。从流转中存在的问题来看，流转程序的不合理是重要的问题之一，因此应重视流转中介组织的建设，充分发挥中介组织宣传、监督、组织等作用。此外，要加强流转中的森林资源资产评估工作，让林农认识森林资源的价值，这样才有利于今后森林资源的保护。

9.2.3 完善森林经营管理的相关政策及制度

完善经营管理制度，是提升森林资源质量和保证森林生态系统可持续稳定发展的重要问题。从本研究中林改政策对森林生态系统的影响评价结果可以看出，新一轮集体林权制度改革以来，三明市的森林资源经营管理政策和制度对三明市森林生态系统有着一定的负面影响。现行的森林资源经营管理政策的实施难以实现"生态的保障"的目标。林权制度改革的主体改革在三明市进展十分顺利，目前产权的明晰已经为森林资源的经营管理提供了很好的产权基础，因此在深化林权制度改革阶段，完善森林经营管理的各项政策和制度，是提升林权制度改革效果、推进三明市生态文明建设的重要任务。

9.2.3.1 加强森林资源培育

调研发现，林权制度改革以后，关于森林资源培育问题，一是林改以后森林资源培育工作力度不大，二是农民森林资源培育的能力较弱。尤其是在种苗培育环节，通过本研究发现，林改以后农民在经营林地过程中，大部分森林资源经营者不懂得如何挑选种苗，也有很多经营者不重视种苗的选择，因此在今后的林改政策制定和实施过程中，需要强化林木种苗基础工作。一是加强《种子法》及相关法律法规的宣传普及，提高全社会特别是造林业主对林木种苗质量重要性的认识。建立造林用苗公示制度，各县（市、区）在苗木清点后，以乡镇为单位，在辖区内将苗木生产情况进行张榜公示，内容主要包括育苗单位（个人）的生产经营许可证号、育苗的种子来源、苗木数量、等级规格、育苗地点和联系方式等，确保造林业主择优选苗造林，提高造林质量。二是强化良种基地管理，提高良种基地经营管理水平。目前三明市在良种培育上力度有所加强，但现有的良种基地的经营水平普遍偏低，不能满足培育良种的需求，因此今后应该在良种基地的技术、管理水平方面都加以改进，持续做好林木良种基地建设的"六大"管理工作，包括基地的树体、采种、林地、授粉、水肥、森防等管理工作。同时在培育过程中科学地进行修枝、梳伐等抚育工作，保持种苗密度的合理性。此外，加强病虫害防治等工作，确保林木种苗的健康培育。三是狠抓国债种苗项目建设质量。严格执行项目基本建设管理程序，认真落实项目法人责任制、监理制、招投标制、合同制、竣工验收制等规定，重点加强种苗项目建设的质量管理。同时，对于项目资金应该确保专款专用，严格按照国家相关要求进行资金管理，项目建设单位落实配套资金，设立国债资金专户，实行专户存储、单独建帐、专人管理、专款专用，基本建设工程需按照投资计划和工程进度拨付，生产建设项目采取项目完成后验收结算，严禁滞留、挤占和挪用项目资金，确保国债项目建设的资金安全和工程质量。四是加强林木种苗执法，规范种苗市场秩序。加强种苗培育的技术培训，提高种苗执法人员的素质，严厉打击非法经营、制售假劣质种子行为。切实抓好林木种苗市场监管，凡对使用种源来历不明或劣质种源所培育的伪劣苗木、带病虫害苗木、不合格苗木等上山造林的，严格检查、严肃处理，确保造林苗木质量。

9.2.3.2 科学实施采伐制度

（1）规范采伐限额制度

实行森林采伐限额制度，是控制森林资源消耗、保护森林资源的重要措施，是实现林业可持续发展的重要保障。本研究的结果显示，广大林农虽然认为三明市的限额采伐制度存在申请困难、指标过少等问题，但从整个森林资源可持续经营和森林生态系统健康稳定的角度来看，限额采伐制度对三明市森林生态系统的可持续发展做出了一定的贡献，对森林生态系统产生了正面的影响。在限额采伐制度和相关政策方面，应该在坚持采伐限额的基础上，对林木采伐限额管理的使用范围、编制程序、分配方式和监督管理等做出更加科学、实用、明确的规定。

随着林业改革的不断深入，传统的林木采伐计划分配方法已不能适应当前林业发展的需要，为进一步规范林木采伐计划分配，增强采伐计划分配的科学性和透明度，根据福建省有关的采伐限额管理精神，依据森林资源状况，完善三明市林木采伐指标分配信息软件，对采伐指标在分类排序的基础上，进行阳光操作、加强监督，避免人为因素，杜绝暗箱操作，充分体现采伐指标分配的三公原则。

（2）逐步推进采伐方式的转变

继续推进主伐皆伐向择伐转变。在推进过程中注意以下问题：一是是否择伐要由经营主体自愿选择，尊重林权所有者的意愿，保护林权所有者的利益，才是林权制度改革和林木采伐管理制度改革的初衷。二是加强对择伐技术的研究。制定一套完善的适应三明市择伐的技术指导体系，如什么样的林分适合做择伐，以及伐前、伐中、伐后等一系列的标准和管理做出明确规定，以便在实际生产中有可操作性。三是提高补助标准和补助范围。为鼓励用材林主伐皆伐改择伐，各地只要符合补助条件的，应据实核拨。四是充实基层管理队伍。当前采伐管理政策的精细与林业管理方式的粗放相矛盾，基层管理人员力量不足，对采伐政策掌握不够。应进一步充实基层管理人员，改善办公条件等，同时加强技术培训和学习。

9.2.3.3　进一步完善森林资源保护相关政策

林改以后，多元化经营主体的护林防火、病虫害防治等问题凸显。今后深化林改过程中应该对现有的森林资源保护和管理方式进行改进，建立更加有效的森林资源保护体系，健全森林资源保护与管理的相关法律法规。引导林农提高自身的法律意识、森林资源经营管理意识、森林资源保护的意识。使其认识森林资源生态价值的同时，自愿成立保护组织，创新保护机制。

在深化林改的过程中，要进一步强化森林资源培育、保护和管理。要一手抓资源培育，一手抓资源保护，积极探索，走出一条速生、丰产、优质、特色、可持续发展的路子。这要求在具体操作层面要做好以下三方面工作。一是实施种苗工程。充分发挥三明市林木种苗繁育中心、明溪县国家级珍稀树种繁育中心和永林股份种苗中心的作用，积极开展乡土速生丰产树种种苗攻关，引进驯化国内外先进树种，大力推广无性繁殖、容器育苗、轻型基质等现代育苗方式，加快高世代杉木、马尾松种子园建设步伐，加大种苗质量监督力度，规范林木种苗市场，确保主要树种造林全部使用良种壮苗。二是建立森林经营示范基地。总结推广现代竹林科技示范园的经验，重点建设良种壮苗造林、工业原料林、速生丰产林、人工促进天然更新、低产低效林分改造、混交林、林下套种药材林、珍稀树种、生态景观林以及绿色通道等示范基地，科学经营，规范管理，争取全市挂牌树立示范点 100 个以上，每个县（市、区）10 个以上，为林农群众提供榜样示范，带动提高全市森林经营水平，带领林农增收致富。三是加强森林资源保护管理。大力推行"计划烧除"的森林防火新措施，加强危险性病虫害监测和除治工作，加大对各种破坏森林资源违法犯罪行为的打击力度，加强对设在边界地段、生态公益林和纠纷山场附近的中小型木材加工企业和临时加工点的清理整顿，有效控制森林火灾、森林病虫害、乱砍滥伐林木、乱征滥占林地、乱捕滥猎野生动物、乱采滥挖珍稀植物等破坏森林资源的违法行为，切实维护林区的安定稳定和确保林区生产安全有序。

9.2.3.4　创新林业经营形式

本研究发现，三明市在林改以后，许多农户拥有了自己的林地，但不同农户对于森林资源经营的需求不同。有的农户获得林地以后，由于缺乏资金或劳动力，无法对林地进行经营管理。部分农户获得非常零散且规模较小的林地，实际经营管理起来存在很大的困难，且此类林地经营过程中的防火、病虫害防治等成本较高。但有的农民获得林地以后，森林资源经营意愿强烈，希望通过林地的流转、家庭联户、成立股份林场或合作社等形式来扩大经营规模。因此，在深化林改阶段，要针对不同森林资源经营主体的需求，鼓励发展多元化的林业经营形式。形成传统的单户经营与家庭联户经营、股份林场、合作组织、托管经营等新的经营形式共同发展的多元化林业经营组织形式，逐步引导实现三明市森林资源科学、现代化经营。

9.2.4　完善经营能力的相关政策制度

森林资源经营的能力建设主要包括两个方面：一是资源本身；二是林业生产经营的要素，包括资本、劳动力、技术（如图9-3所示）。

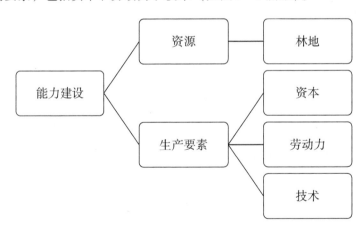

图9-3　森林资源经营能力建设内容

Fig. 9-3　Content of forest resources management capacity constrtion

因此在能力建设方面，政策制度的建立需要将培训、科技服务、激励和资金保障实现规范化制度化。筛选出林农最需要的，最有针对性的、最有效的林业科技和市场信息提供给林农，通过构建林权抵押贷款、贴息贷款、小额贷款等投融资机制，提供规模化保障。

9.2.4.1　加大资金扶持力度

针对森林资源培育周期长、风险大、三大效益兼备的特点，简化银行等金融部门对林业（特别是造林营林）的贷款手续，扩大贷款额度，并加大财政贴息的扶持力度，使森林资源培育有足够的资金投入。对速丰林和珍贵树种用材林建设中的森林防火，病虫害防治和优良种苗的开发推广等社会性、公益性的建设，国家要安排资金投入。同时，加快建立森林保险机制，特别是森林防盗，护林员意外伤害、森林防火、自然灾害等险种，降低森林经营的风险。

9.2.4.2　完善林权抵押贷款制度

建立健全林权抵押贷款体系，丰富贷款项目，使得贷款适应不同的经营主体和不同经营形式的现实需求，避免信息不对称造成的林业经营者损失，降低交易成本，简化办理手续。对单户主要进行小额贴息贷款（30万元以下），简化资产评估的手续。对联户加大贷款支持的同时，对信用风险进行严格的评估管理，建立健全金融保险的机制。

9.2.4.3　构建创新科技服务体系

本研究发现，林权制度改革以后，林农真正成为山的主人，造林护林育林积极性空前高涨，对科技知识的需求与日俱增。但传统的林业科技服务手段落后，投资大、周期长、见效慢、效果差。特别是需要面对服务对象分散且数量大的复杂情况，如何做好科技服务工作，构建新型林业科技服务体系，最大程度地满足林农对科技信息的需求，是今后推进林改的重要问题。完善林业科技服务体系，要建立从种苗、造林整地、适地适树到科学管理、合理适时间伐等一系列体系，提高森林资源培育的科技含量。

9.2.5　完善林改相关保障制度

林改后森林资源经营的保障条件实际是上是政府为森林资源经营提供的支持和服务等相关的政策制度。政府应积极行使政府职能，在市场信息方面予以保障支持，推进科技服务等政策性保险，保障林权制度改革后更加有序地合理地构建森林资源经营制度，保障经营主体的相关利益。

9.2.5.1　进一步健全林业社会化服务体系

健全林业社会化服务体系，全力搞好技术、市场、信息等服务。加强林农林业科技知识及森林资源经营方面的实用技术培训，尤其是森林资源培育与保护方面的培训，提高林业科学经营水平，为森林生态系统的保护提供技术服务和指导。建立社会化中介机构，引入市场竞争机制，积极引导和支持林权勘测、森林资源评估、伐区调查设计、木竹检验、林业物证鉴定等中介机构建设。规范森林资源流转，健全完善现有 12 个县级林业服务中心（林业要素市场）和 79 个乡镇林业服务分中心，搭建集市场信息发布、林业产权交易的区域性网络平台。发挥 96355 林业服务热线作用，为林农提供林业生产、科技、政策和法律法规等方面的咨询。建设林业网络平台，运用互联网进行网上办公，线上审批办证，保证公开公正，提高服务效率。

9.2.5.2　落实森林生态效益补偿政策

完善生态公益林补偿制度和公益林管护制度。根据研究结果，农民林业资本的投入很大程度上受经济利益的驱动，但由于当前生态建设的需求使集体林区农户损失了经济利益，因此应进一步完善生态公益林补偿机制，提高补偿标准，加强管护力度，能够有效保证农民利益和生态建设的双重效果。继续探索建立县级森林生态效益补偿制度，多渠道筹集生态公益林补偿资金，逐步提高补偿标准。严格生态公益林补偿资金使用管理，原则推行"一卡（折）通"账户管理办法，确保生态公益林的补偿金（含选聘的生态公益林护林员及监管员的工资）直接足额拨付到户（或个人）。在保护的前提下积极开展非木质利用，还要鼓励对林地资源效益的科学有计划使用。例如林下种植、生物医药、森林旅游等产业，增强生态公益林自我补偿能力。

9.2.5.3　落实金融服务林业政策

金融部门要适时给予支持，根据林业发展的现实需求，推出有针对性的、具有林业特色的信贷产品来支持林业发展，进一步制定并完善林权抵押贷款管理办法，做到低门槛、高支持、简手续、高额度和广覆盖。保险部门要完善森林火灾政策性保险制度，逐步将险种拓展到冻灾等领域，降低林业经营风险。林业部门要探索林木收储处理的方式方法，帮助化解林业信贷风险。

9.3　研究展望

9.3.1　本研究的创新之处

目前对我国南方集体林权制度改革的研究众多，但关注林权制度改革对森林生态系统影响的研究较少。尽管一些学者在研究林改绩效时对森林生态效益和生态环境保护问题有所涉及，但是对生态系统影响进行综合测度评价的研究比较缺乏，特别是选择典型地区进行具体实证分析和量化分析的研究较少。因此，本研究试图从制度变迁角度入手，对典型南方集体林区福建省三明市进行比较全面、深入的量化研究，具有一定的创新性。具体的创新之处有如下三方面。

第一，以往集体林权制度改革的相关研究，更多关注的是林改以后经济利益的实现，虽然已有学者对林改以后的森林资源、生态环境等方面的问题进行了研究，但较少有研究专门针对林改以后森林生态系统本身的变化和影响问题进行系统的、综合的实证研究。而林改到了深化改革阶段，研究森林生态系统受林改的影响及变化是实现林改生态目标的关键问题，因此本研究在林改生态目标实现方面具有创新性。

第二，在理论层面，本研究基于制度和生态两个理论层面，抽象出"制度改革—林农行为—森林生态系统"的影响传导机制，系统探讨了林改这一制度变迁对森林生态系统的影响机制，在理论上具有一定新意。

第三，在研究方法方面，本研究从多个层面和多个视角对核心问题进行了分析，并且在制度经济学的研究中，引入了生态学和 GIS 技术，同时在农户行为对森林生态系统影响方面引入 SEM 进行分析，在方法上具有一定创新。

9.3.2　研究不足及展望

福建省三明市林改以后，森林资源的经营主体不仅仅是林农，还存在着林业企业、国有林场、林业合作社等经营主体。随着林改的不断深入，今后对该问题的研究可以从不同类型的经营主体入手，进一步深入分析。

森林生态系统是一个复杂系统，其自身演进过程受到多种因素影响，并且这种演进是一个长期的过程，因此林权制度改革是一个不断深化的过程。今后可以通过样的监测等方式，获取更多的自然监测指标以及实验数据，对本研究的核心问题进行进一步研究和探讨。

参考文献

［1］阿兰·斯密德. 制度与行为经济学［M］. 中文版，北京：中国人民大学出版社，2004.

［2］柏章良. 林业可持续发展在国家可持续发展战略中的地位和作用［J］. 世界林业研究，1997，10（1）：1-7.

［3］白玉文，姜俊嘉. 浅析可持续发展下的林权制度改革［J］. 农业与技术，2014，09：75.

［4］蔡晶晶，社会—生态系统视野下的集体林权制度改革：一个新的政策框架［J］. 学术月刊，2011，43：12.

［5］蔡依琇. 我国集体林权制度改革中的生态保护问题研究［D］. 华东政法大学，2010.

［6］陈柳钦. 林业经营理论的历史演变［J］. 中国地质大学学报（社会科学版），2007（02）：50-56.

［7］陈幸良. 中国林业产权制度的特点、问题和改革对策［J］. 世界林业研究，2003，06：27-31.

［8］陈克龙，李双成，周巧富，朵海瑞，陈琼. 近25年来青海湖流域景观结构动态变化及其对生态系统服务功能的影响［J］. 资源科学，2008，02：274-280.

［9］程云行. 南方集体林区林地产权制度研究［J］. 北京林业大学学报，2004，11（11）：18-20.

［10］曹兰芳，王立群，曾玉林. 集体林权制度改革研究综述［J］. 贵州农业科学，2014，06：255-258.

［11］道格拉斯·诺斯. 西方世界的兴起［M］. 北京：华夏出版社，2009：224.

［12］杜际增，王根绪，李元寿. 基于马尔科夫链模型的长江源区土地覆盖格局变化特征［J］. 生态学杂志，2015，01：195－203.

［13］傅成华. 林权制度改革应对的几个新问题［J］. 科技咨询导报，2007（24）：191.

［14］范海娇. 呼和浩特市土地利用与生态效益动态变化规律研究［D］. 内蒙古师范大学，2014.

［15］高岚，张自强. 林农可持续经营模式行为选择与约束影响分析［J］. 林业经济，2012（2）：50－55.

［16］官波. 我国森林资源生态产权制度研究［J］. 生态经济，2014，09：29－31，58.

［17］郝春旭，侯一蕾，李小勇. 三明市集体林权制度改革的农村社会经济福利测度［J］. 北京林业大学学报：社会科学版，2013，（4）：21－26.

［18］韩秋波. 集体林业产权制度改革研究［D］：北京林业大学，2010.

［19］贺东航，朱冬亮. 关于集体林权制度改革若干重大问题的思考［J］. 经济社会体制比较，2009（02）：21－28.

［20］侯鹏，王桥，王昌佐，蒋卫国，赵彦伟. 流域土地利用/土地覆被变化的生态效应［J］. 地理研究，2011，11：2092－2098.

［21］侯一蕾，刘影，吴静，温亚利. 基于制度视角的森林资源经营管理问题分析——以三明市集体林改为例［J］. 林业经济，2014，10：35－38.

［22］胡鞍钢，郎晓娟，沈若萌，刘珉. 集体林权制度改革：开启中国绿色改革之路［J］. 林业经济，2014，02：3－10.

［23］黄斌. 采伐限额管理制度约束条件下的农户森林经营行为研究［D］. 福建农林大学，2010.

［24］黄建华，林晓霞，吴火和，鲍晓红. 转变林农技术行为的途径探讨［J］. 福建林业科技，2008，35（3）：211－215.

［25］黄锦凤. 惠州东江流域土地利用变化时空特征及驱动力研究［D］.

中南大学，2011.

[26] 黄建兴. 林权制度改革激活了福建林业 [J]. 绿色中国：理论版，2005 (2)：11–13.

[27] 黄青，任志远. 论生态承载力与生态安全 [J]. 干旱区资源与环境，2004, 18 (2)：11–17.

[28] 黄森慰. 私有林经营方式选择的影响因素研究 [D]. 福建农林大学，2008.

[29] 黄全林，刘茂英. 珙县集体林权制度改革对森林资源管理及经营利用的影响分析 [J]. 四川林业科技，2011 (4)：40–45.

[30] 贾治邦. 中国农村经营制度的又一重大变革——对集体林权制度改革的几点认识 [J]. 复印报刊资料：农业经济导刊，2008 (12)：21–23.

[31] 江泽慧，盛炜彤. 中国可持续发展林业战略研究 [J]. 绿色中国，2003 (11)：6–8.

[32] 孔凡斌. 集体林权制度改革绩效评价理论与实证研究——基于江西省2484 户林农收入增长的视角 [J]. 林业科学，2008, 44 (10)：132–141.

[33] 孔明，刘璨. 福建省三明市林业股份合作制发展研究 [J]. 林业经济，2000, 1：002.

[34] 孔祥智，毛飞，柯水发，崔海兴，何安华. 我国林业合作经济组织发展的态势、存在问题及对策——基于福建、浙江、辽宁和甘肃四省的调研 [J]. 林业经济评论，2013 (3)：9–16.

[35] 孔祥智，陈丹梅. 林业合作经济组织研究——福建永安和邵武案例 [J]. 林业经济，2008, 05：48–52.

[36] 柯水发，温亚利. 中国林业产权制度变迁进程、动因及利益关系分析 [J]. 绿色中国，2005, 10：29–32.

[37] 拉坦. 财产权利与制度变迁 [M]. 上海：上海三联出版社，1994.

[38] 李艾玉，刘吉平，于佳，刘家福，马冲亚. 近30 年四平市土地利用时空变化及生态环境效应 [J]. 浙江农业科学，2014, 07：1082–1087.

[39] 李娜娜，李月辉. 不同所有制森林的管理方式及其生态影响研究进展

[J]．应用生态学报，2011，06：1623 – 1631.

[40] 李小华，余生斌，李海俊，等．集体林权制度改革下的生态保护与林农经济 [J]．中国林业经济，2010 (5)：4 – 6.

[41] 李屹峰，罗跃初，刘纲，欧阳志云，郑华．土地利用变化对生态系统服务功能的影响——以密云水库流域为例 [J]．生态学报，2013，03：726 – 736.

[42] 李媛．江西省铜鼓县新一轮集体林权制度改革生态影响研究 [D]：北京林业大学，2014.

[43] 李周．林权改革的评价与思考 [J]．林业经济，2008，9 (3)：8.

[44] 廖文梅．农户参与林权抵押贷款决策行为及影响因素分析 [J]．林业经济，2011，10：26 – 30.

[45] 林斌．福建省邵武市集体林产权改革绩效研究 [D]：福建农林大学，2010.

[46] 林剑．马克思历史观视野中的生产力，生产关系及其矛盾运动 [J]．江海学刊，2006 (6)：29 – 32.

[47] 林琴琴，吴承祯，刘标．福建省集体林权制度改革绩效评价 [J]．林业资源管理，2011 (3)：28 – 32.

[48] 林毅夫．关于制度变迁的经济学理论：诱致性变迁与强制性变迁 [J]．1994：15.

[49] 刘灿．中国的经济改革与产权制度创新研究 [M]．成都：西南财经大学出版社，2007：301.

[50] 刘璨．全面推进集体林区转型升级 [J]．林业与生态，2014，07：12 – 13.

[51] 刘璨，朱文清，刘浩．林业"三定"制度安排对我国南方集体林区森林资源影响的测度与分析 [J]．制度经济学研究，2013，04：104 – 140.

[52] 刘璨，吕金芝，杨燕南，王礼权，刘苇萍．中国集体林制度变迁新进展研究 [J]．林业经济，2008 (5)：6 – 14.

[53] 刘璨，吕金芝，王礼权，林海燕．集体林产权制度分析——安排，变

迁与绩效 [J]. 林业经济, 2007 (11)：8-13.

[54] 刘国, 陈海莉, 李慧燕. 土地利用/土地覆被变化研究综述 [J]. 青海师范大学学报 (哲学社会科学版), 2014, 04：5-10.

[55] 刘国顺, 王彬, 段绍光. 集体林权制度改革后经营林地面临的新形势及对策 [J]. 林业资源管理, 2009 (1)：11-13.

[56] 刘建锋, 肖文发, 江泽平, 等. 景观破碎化对生物多样性的影响 [J]. 林业科学研究, 2005, 18 (2)：222-226.

[57] 刘小强. 我国集体林产权制度改革效果的实证研究 [D]：北京林业大学, 2010.

[58] 刘珉. 集体林权制度改革对农户林木种植的影响研究——基于河南平原地区的数据 [J]. 北京林业大学学报 (社会科学版), 2012 (4)：92-96.

[59] 刘凤英, 刘原樟. 从林业业态特殊性探讨我国集体林权改革相关制度 [J]. 北京农业, 2014, 27：281.

[60] 卢榕泉. 永定县林权制度改革后林业经营方式的变化 [J]. 亚热带农业研究, 2008, 3 (4)：317-320.

[61] 卢现祥, 西方新制度经济学 [M]. 北京：中国发展出版社, 2003：280.

[62] 吕杰, 黄利. 辽宁省集体林权制度改革宏观绩效评价 [J]. 农业经济, 2010 (7)：40-42.

[63] 罗开盛, 李仁东. 长沙市近10年土地利用变化过程与未来趋势分析 [J]. 中国科学院大学学报, 2014, 05：632-639.

[64] 罗攀柱. 流转林地利益调整的法律社会学分析 [J]. 林业经济, 2010, 4：009.

[65] 梁彦庆, 胡少雄, 葛京凤, 王丽艳. 基于石家庄市土地利用变化的生态系统服务价值研究 [J]. 河北师范大学学报 (自然科学版), 2014, 06：633-638.

[66] 梁彦庆. 土地利用/土地覆被变化的生态环境效应研究——以石家庄西部太行山区为例 [D]. 河北师范大学, 2004.

[67] 马廷刚, 申亚鹏, 高晨, 田庆丰. 兰州市土地利用/土地覆被动态变化研究 [J]. 测绘与空间地理信息, 2015, 02: 116 - 118, 121.

[68] 诺斯. 经济史上的结构和变迁 [M]. 商务印书馆1999年版, 1999.

[69] 诺斯, 道 C, 杜润平. 交易成本, 制度和经济史 [J]. 经济译文, 1994 (2): 23 - 28.

[70] 倪绍祥. 土地利用/覆被变化研究的几个问题 [J]. 自然资源学报, 2005, 06: 138 - 143.

[71] 彭念一, 陈长华. 农业制度创新评估指标体系及测算方法 [J]. 财经理论与实践, 2003, 24 (124): 93.

[72] 彭泽元. 南方集体林区产权制度改革探索——贵州锦屏集体林区林业产权制度改革试验纪实 [J]. 林业经济, 2001, 08: 31 - 33.

[73] 裘菊, 孙妍, 李凌, 徐晋涛. 林权改革对林地经营模式影响分析 [J]. 林业经济, 2007, 1: 23 - 27.

[74] 舒尔茨. 制度与人的经济价值的不断提高 [J]. 财产权利与制度变迁, 1994, 253.

[75] 石春娜, 王立群. 我国森林资源质量变化及现状分析 [J]. 林业科学, 2009, 45 (11): 90 - 97.

[76] 苏芳, 尚海洋, 聂华林. 农户参与生态补偿行为意愿影响因素分析 [J]. 中国人口. 资源与环境, 2011, 21 (4): 119 - 125.

[77] 孙妍, 徐晋涛, 李凌. 林权制度改革对林地经营模式影响分析——江西省林权改革调查报告 [J]. 林业经济, 2006 (8): 7 - 11.

[78] 舒尔茨. 制度与人的经济价值的不断提高 [J]. 财产权利与制度变迁, 1994, 253.

[79] 沈晓梅, 朱雷. 林业产权结构变革的制度效率分析 [J]. 林业经济问题, 2004, 06: 351 - 354.

[80] 田淑英. 集体林权改革后的森林资源管制政策研究 [J]. 农业经济问题, 2010 (1): 90 - 95.

[81] 万志芳, 赵广. 关于影响林业效率制度性因素的分析 [J]. 经济技

术协作信息, 2004 (17): 7 - 7.

[82] 王飞, 任兆昌. 近十年中国农民理性问题研究综述 [J]. 云南农业大学学报 (社会科学版). 2012 (3): 17 - 21.

[83] 王洪玉, 翟印礼. 产权制度安排对农户造林投入行为的影响——以辽宁省为例 [J]. 农业技术经济, 2009 (2): 62 - 68.

[84] 王洪玉, 翟印礼. 产权制度变迁下农户林业生产行为研究 [J]. 农业经济. 2009 (3): 71 - 73.

[85] 王小军, 谢屹, 王立群, 温亚利. 集体林权制度改革中的农户森林经营行为与影响因素 [J]. 林业科学, 2013, 49 (6): 135 - 142.

[86] 王小映. 土地制度变迁与土地承包制 [J]. 中国土地科学, 1999, 13 (4): 5 - 8.

[87] 王新清. 集体林权制度改革绩效与配套改革问题 [J]. 林业经济, 2006 (6): 15, 18.

[88] 王雨林, 刘胜林, 丁丽霞. 四川省农民对集体林权制度改革的评价研究 [J]. 林业经济, 2010 (2): 50 - 53.

[89] 王薇, 王昕, 黄乾, 孙力. 黄河三角洲土地利用时空变化及驱动力研究 [J]. 中国农学通报, 2014, 32: 172 - 177.

[90] 魏崇辉. 论科斯产权理论基本特点和借鉴意义 [J]. 盐城师范学院学报: 人文社会科学版, 2003 (2): 21 - 24.

[91] 吴继林. 永安市林业融资体制改革实践与完善的思考 [J]. 林业经济问题, 2008, 27 (4): 353 - 357.

[92] 肖铭心, 周志雄. 南方集体林区林业合作组织新模式的理论与实践 [J]. 科协论坛: 下半月, 2011 (1): 123 - 125.

[93] 邢美华, 黄光体, 张俊飚. 区域林业可持续发展能力评价及其应用——以湖北省为例 [J]. 农业现代化研究, 2006, 26 (6): 418 - 421.

[94] 邢美华. 林权制度改革视角下的林业资源利用: 方式·目标·政策设计 [D]: 华中农业大学, 2009.

[95] 徐晋涛, 孙妍, 姜雪梅, 李劼. 我国集体林区林权制度改革模式和绩

效调查分析 [J]. 中国林业技术经济理论与实践 (2008), 2008: 10.

[96] 徐秀英, 马天乐, 刘俊昌. 南方集体林区林权制度改革研究 [J]. 林业科学, 2006, 08: 121 – 129.

[97] 徐秀英. 南方集体林区森林可持续经营的林权制度研究 [M]. 北京: 中国林业出版社, 2005: 211.

[98] 徐秀英, 吴伟光. 南方集体林地产权制度的历史变迁 [J]. 世界林业研究, 2004, 17 (3): 40 – 43.

[99] 续文国. 生态保护问题在我国集体林权制度改革中的研究 [J]. 中国农业信息, 2014, 15: 151.

[100] 杨萍. 论集体林权流转主体资格——以福建省集体林权制度改革为例 [J]. 南京林业大学学报: 人文社会科学版, 2008 (2): 115 – 118.

[101] 杨波. 基于 GIS 的土地利用/覆被变化及可持续利用研究 [D]. 西南大学, 2009.

[102] 姚顺波, 郑少锋. 林业补助与林木补偿制度研究——兼评森林生态效益研究的误区 [J]. 开发研究, 2005 (1): 35 – 37.

[103] 叶祥松. 西方经济学的产权理论 [J]. 当代亚太, 2001 (7): 50 – 56.

[104] 于兴修, 杨桂山. 中国土地利用/覆被变化研究的现状与问题 [J]. 地理科学进展, 2002, 01: 51 – 57.

[105] 詹黎锋, 杨建州, 张兰花, 朱少洪. 农户造林投资行为影响因素实证研究——以福建省为例 [J]. 福建农林大学学报: 哲学社会科学版, 2011 (2): 57 – 60.

[106] 赵景柱. 论持续发展 [J]. 科技导报, 1992, 10 (9204): 13 – 16.

[107] 郑德祥, 谢益林, 黄斌, 陈平留. 森林资源资产化经营风险与防范策略分析 [J]. 林业经济问题, 2009, 29 (5): 387 – 391.

[108] 郑风田, 阮荣平. 集体林权改革评价: 林产品生产绩效视角 [J]. 中国人口资源与环境, 2009, 19 (6): 107 – 114.

[109] 郑华, 欧阳志云, 赵同谦, 李振新, 徐卫华. 人类活动对生态系统服务功能的影响 [J]. 自然资源学报, 2003, 01: 118 – 126.

[110] 周其仁. 农村变革与中国发展：1978－1989 [M]. Vol 2. ed. 牛津大学出版社, 1994.

[111] 周剑芬, 管东生. 森林土地利用变化及其对碳循环的影响 [J]. 生态环境, 2004, 04：674－676.

[112] 周忠学. 城市化对生态系统服务功能的影响机制探讨与实证研究 [J]. 水土保持研究, 2011, 05：32－38, 295.

[113] 钟媛, 赵敏娟. 城市土地利用变化对生态系统服务的影响——以西安市为例 [J]. 水土保持研究, 2015, 01：274－279.

[114] 张颖, 宋维明. 基于农户调查的林权改革政策对生态环境影响的评价分析 [J]. 北京林业大学学报, 2012, 34 (3)：124－129.

[115] 张磊, 吴炳方, 李晓松, 邢强. 基于碳收支的中国土地覆被分类系统 [J]. 生态学报, 2014, 24：7158－7166.

[116] 张广胜, 罗金. 集体林权制度改革中采伐限额与林农生产决策 [J]. 林业经济, 2011 (12)：51－55.

[117] 张红宇. 农村土地使用制度变迁：阶段性, 多样性与政策调整 [J]. 农业经济问题, 2002 (2)：12－20.

[118] 张建国. 森林经营与林业可持续发展 [J]. 林业经济问题, 2002, 22 (3)：131－133.

[119] 张秀丽, 谢屹, 温亚利, 等. 中国集体林权制度改革现状与展望 [J]. 世界林业研究, 2011, 24 (2)：64－69.

[120] 朱韵洁, 于兰. 人力资本投资与农民收入增长 [J]. 华东经济管理, 2011 (1)：36－39.

[121] Adhikari, B., S. Di Falco, J. C. Lovett. Household characteristics and forest dependency: evidence from common property forest management in Nepal [J]. Ecological economics, 2004, 48 (2)：245－257.

[122] Alberti M. The effects of urban patterns on ecosystem function [J]. International regional science review, 2005, 28 (2)：168－192.

[123] Alberti M. Maintaining ecological integrity and sustaining ecosystem [J].

Environmental Sustainability, 2010, 2: 178 – 184.

[124] Arano, K. G. , I. A. Munn. Evaluating forest management intensity: a comparison among major forest landowner types [J] . Forest Policy and Economics, 2006, 9 (3): 237 – 248.

[125] Barzel Y. Economic analysis of property rights [M]: Cambridge University Press, 1997.

[126] Baskent E Z, Terzioğlu S, Başkaya Ş. Developing and implementing multiple – use forest managementplanning in Turkey [J] . Environmental management, 2008, 42 (1): 37 – 48.

[127] Beckerman W. 'sustainable development': is it a useful concept? [J]. Environmental Values, 1994, 3 (3): 191 – 209.

[128] Birch T W. Forest land parcelization andfragmentation [J] . the Empire Forest: changes and challenges, 1995: 98 – 110.

[129] Bourke, L, A E Luloff. Attitudes toward the management of nonindustrial private forest land [J] . Society & Natural Resources, 1994, 7 (5): 445 – 457.

[130] Boyle, C A, P. Decoufle. National sources of vital status information: extent of coverage and possible selectivity in reporting [J] . American Journal of Epidemiology, 1990, 131 (1): 160 – 168.

[131] Brännlund, R. , R. Färe, S. Grosskopf. Environmental regulation and profitability: an application to Swedish pulp and paper mills [J] . Environmental and Resource Economics, 1995, 6 (1): 23 – 36.

[132] Chhetri B B K, Johnsen F H, Konoshima M, et al. Community forestry in the hills of Nepal: Determinants of user participation in forest management [J]. Forest Policy and Economics, 2013, 30: 6 – 13.

[133] Costanza R d, Arge R, deG rootR, et al. The value of theworld 's ecosystem services and natural capital [J] . Nature, 1997, 386: 253 – 259.

[134] Crow T R, Host G E, Mladenoff D J. Ownership and ecosystem as sources of spatial heterogeneity in a forested landscape, Wisconsin, USA [J]. Land-

scape Ecology, 1999, 14 (5): 449 – 463.

[135] Clawson M. Forests for Whom and for What? [M]. Routledge, 2013.

[136] Deane P, Schirmer J, Bauhus J. How private landholders use and value the native forest that they own: a report based on a sample survey conducted in southeast New South Wales [J]. School or Resources Environment and Society, ANU, Canberra, 2003: 25 – 28.

[137] Edmonds E V. Government – initiated community resource management and local resource extraction from Nepal's forests [J]. Journal of Development Economics, 2002, 68 (1): 89 – 115.

[138] Fisher, M. Household welfare and forest dependence in Southern Malawi [J]. Environment and Development Economics, 2004, 9 (02): 135 – 154.

[139] Fried, H O, C K Lovell, S S Schmidt, S. Yaisawarng. Accounting for environmental effects and statistical noise in data envelopment analysis [J]. Journal of productivity Analysis, 2002, 17 (1 – 2): 157 – 174.

[140] Fried, H O, S S Schmidt, S Yaisawarng. Incorporating the operating environment into a nonparametric measure of technical efficiency [J]. Journal of productivity Analysis, 1999, 12 (3): 249 – 267.

[141] Furubotn E G, Pejovich S. Property rights and economic theory: a survey of recent literature [J]. Journal of economic literature, 1972, 10 (4): 1137 – 1162.

[142] García – Fernández C, Ruiz – Perez M, Wunder S. Is multiple – use forest management widely implementable in the tropics? [J]. Forest Ecology and Management, 2008, 256 (7): 1468 – 1476.

[143] Gustafson E J, Lytle D E, Swaty R, et al. Simulating the cumulative effects of multiple forest management strategies on landscape measures of forest sustainability [J]. Landscape Ecology, 2007, 22 (1): 141 – 156.

[144] Gyau, A, M Chiatoh, S Franzel et al. Determinants of farmers' tree planting behaviour in the northwest region of Cameroon: the case of Prunus africana

[J] . International Forestry Review, 2012, 14 (3): 265 – 274.

[145] Heltberg, R. Determinants and impact of local institutions for common resource management [J] . Environment and Development Economics, 2001, 6 (02): 183 – 208.

[146] Hoen H F, Eid T, Økseter P. Efficiency gains of cooperation between properties under varying target levels of old forest area coverage [J] . Forest Policy and Economics, 2006, 8 (2): 135 – 148.

[147] Jalilova G, Khadka C, Vacik H. Developing criteria and indicators forevaluating sustainable forest management: a case study in Kyrgyzstan [J] . Forest Policy and Economics, 2012, 21: 32 – 43.

[148] Kangas A, Laukkanen S, Kangas J. Social choice theory and its applications in sustainable forest management—a review [J] . Forest Policyand Economics, 2006, 9 (1): 77 – 92.

[149] Kao, C, Y C Yang. Measuring the efficiency of forest management [J]. Forest science, 1991, 37 (5): 1239 – 1252.

[150] Leitch Z J, Lhotka J M, Stainback G A, et al. Private landowner intent to supply woody feedstock for bioenergy production [J] . Biomass and Bioenergy, 2013, 56: 127 – 136.

[151] Lise, W. Factors influencing people's participation in forest management in India [J] . Ecological Economics, 2000, 34 (3): 379 – 392.

[152] Managi, S. Productivity measures and effects from subsidies and trade: an empirical analysis for Japan's forestry [J] . Applied Economics, 2010, 42 (30): 3871 – 3883.

[153] Maltamo M, Uuttera J, Kuusela K. Differences in forest stand structure between forest ownership groups in central Finland [J] . Journal of environmental management, 1997, 51 (2): 145 – 167.

[154] Menzel S, Nordström E M, Buchecker M, et al. Decision support systems in forest management: requirements from a participatory planning perspective

[J]. European Journal of Forest Research, 2012, 131 (5): 1367 – 1379.

[155] Pickett S T A, CadenassoM L, Grove J M, et al. Urban ecological systems: Linking terrestrial ecological, physical, and socioeconomic components of metropolitan areas [J]. Annu. Rev, Ecol. Syst., 2001, 32: 127 – 157.

[156] Ray, B, R N Bhattacharya. Transaction costs, collective action and survival of heterogeneous co – management institutions: case study of forest management organisations in West Bengal, India [J]. The Journal of Development Studies, 2011, 47 (2): 253 – 273.

[157] Schultz T W. Transforming traditionalagriculture [J]. Transforming traditional agriculture., 1964: 15 – 19

[158] Siry J, Cubbage F., Newman, D et al. Forest ownership and management outcomes in the US, in global context. [J]. International Forestry Review, 2010, 12 (1), 38 – 48.

[159] Spies T A, McComb B C, Kennedy R S H, et al. Potential effects of forest policies on terrestrial biodiversity in a multi – ownership province [J]. Ecological Applications, 2007, 17 (1): 48 – 65.

[160] Smith W B, Miles P D, Perry C H, et al. Forest resources of the United States, 2007: a technical document supporting the forest service 2010 RPA Assessment [J]. General Technical Report – USDA Forest Service, 2009: 78.

[161] Treue T, Ngaga Y M, Meilby H, et al. Does participatory forest management promote sustainable forest utilisation in Tanzania? [J]. International Forestry Review, 2014, 16 (1): 23 – 38.

[162] TurnerB L, SkoleD, Sanderson S, et al. Land – use and land – cover change: science/research plan. IGBP ReportNo. 35 /HDP ReportNo. 7 [R]. Stockholm: IGBP, 1995.

[163] Wei X, Blanco J A. Significant Increase in Ecosystem C Can Be Achieved with Sustainable Forest Management in Subtropical Plantation Forests [J]. PloS one, 2014, 9 (2): 178 – 191.

[164] Weyerhaeuser, H, F Kahrl, S Yufang. Ensuring a future for collective forestry in China's southwest: Adding human and social capital topolicy reforms [J]. Forest Policy and Economics, 2006, 8 (4): 375 – 385.

[165] Wolter P T, White M A. Recent forest cover type transitions and landscape structural changes in northeast Minnesota, USA [J] . Landscape Ecology, 2002, 17 (2): 133 – 155.

[166] Zhang, D, E. Aboagye Owiredu. Land tenure, market, and the establishment of forest plantations in Ghana [J] . Forest Policy and Economics, 2007, 9 (6): 602 – 610.

[167] Zhang Y, Zhang D, Schelhas J. Small – scale non – industrial private forest ownership in the United States: rationaleand implications for forest management [J] . Silva Fennica, 2005, 39 (3): 44

附　录

附录一　模糊综合评价结果表

表1　指标层（C）评价向量结果表

	非常有利	比较有利	没有影响	比较不利	非常不利
D1	0.2133	0.2000	0.0400	0.2933	0.2533
D2	0.2267	0.1467	0.4800	0.0667	0.0800
D3	0.4000	0.2933	0.1867	0.0933	0.0267
D4	0.3600	0.2800	0.2267	0.0933	0.0400
D5	0.5067	0.3600	0.0400	0.0667	0.0267
D6	0.2933	0.2000	0.3200	0.1067	0.0800
D7	0.0667	0.1333	0.6000	0.1200	0.0800
D8	0.5067	0.3600	0.0400	0.0667	0.0267
D9	0.0533	0.0667	0.2133	0.3867	0.2800
D10	0.0933	0.2000	0.3067	0.3200	0.0800
D11	0.1200	0.1867	0.2000	0.2400	0.2533
D12	0.0533	0.0667	0.2133	0.3600	0.3067
D13	0.4400	0.3600	0.1067	0.0667	0.0267
D14	0.0933	0.2000	0.2667	0.3333	0.1067
D15	0.2400	0.2667	0.2533	0.1467	0.0933
D16	0.2267	0.2533	0.3067	0.1067	0.1067
D17	0.0667	0.0933	0.2400	0.3467	0.2533
D18	0.0933	0.1733	0.1467	0.3067	0.2800

	非常有利	比较有利	没有影响	比较不利	非常不利
D19	0.0667	0.0667	0.2667	0.2667	0.3333
D20	0.1067	0.1600	0.1733	0.2667	0.2933
D21	0.3333	0.2933	0.1867	0.0933	0.0933
D22	0.1333	0.1733	0.1867	0.2800	0.2267
D23	0.0667	0.1067	0.1467	0.2800	0.4000
D24	0.2400	0.2933	0.2533	0.1200	0.0933

表 2　要素层（C）评价向量结果表

	非常有利	比较有利	没有影响	比较不利	非常不利
C1	0.2187	0.1786	0.2166	0.2024	0.1838
C2	0.3839	0.2880	0.2027	0.0933	0.0320
C3	0.3595	0.2496	0.2332	0.0943	0.0635
C4	0.3703	0.2897	0.2136	0.0832	0.0432
C5	0.0883	0.1451	0.2318	0.3150	0.2198
C6	0.1962	0.2189	0.2013	0.2532	0.1305
C7	0.1293	0.1560	0.2551	0.2640	0.1957
C8	0.0919	0.1465	0.1805	0.2855	0.2955
C9	0.1796	0.2011	0.1867	0.2368	0.1958
C10	0.1863	0.2355	0.2203	0.1696	0.1884

表 3　准则层（B）评价向量结果表

	非常有利	比较有利	没有影响	比较不利	非常不利
B1	0.3464	0.2634	0.2121	0.1109	0.0672
B2	0.1522	0.1833	0.2248	0.2697	0.1701
B3	0.1631	0.2004	0.1960	0.2259	0.2146

表 4　目标层（A）评价向量结果表

	非常有利	比较有利	没有影响	比较不利	非常不利
A	0.2040	0.2068	0.2166	0.2214	0.1513

附录二　农户行为影响因素回归结果表

表 1　农户林改后积极性影响因素 logistic 回归结果表

Y1	Coef.	Std. Err.	z	P >	z		95% Conf.	Interval
X1	0.0734	0.0264	2.780	0.00500	0.0216	0.125
X2	0.602	0.442	1.360	0.173	−0.264	1.468
X3	2.717	1.057	2.570	0.0100	0.645	4.789
X4	0.597	0.342	1.750	0.0810	−0.0734	1.268
X5	−0.107	0.0285	−3.750	0	−0.163	−0.0511
X6	−4.26e−05	1.14e−05	−3.720	0	−6.50e−05	−2.02e−05
X7	0.114	0.0246	4.650	0	0.0661	0.163
X8	0.000214	0.000111	1.930	0.0540	−3.80e−06	0.000432
X9	−0.0775	0.0295	−2.630	0.00900	−0.135	−0.0198
X10	0.315	0.0918	3.430	0.00100	0.135	0.495
X11	0.746	0.583	1.280	0.201	−0.397	1.890
X12	0.253	0.549	0.460	0.645	−0.822	1.329
X13	1.392	0.997	1.400	0.163	−0.562	3.347
X14	10.67	1.337	7.980	0	8.046	13.29
X15	−1.281	0.190	−6.740	0	−1.654	−0.909
X16	0.462	0.172	2.690	0.00700	0.125	0.798
X17	−0.225	0.288	−0.780	0.435	−0.789	0.339
X18	0.328	0.149	2.210	0.0270	0.0365	0.619
cons	−10.70	3.112	−3.440	0.00100	−16.80	−4.602

表2 农户林改后经营活动总投入（Y2）tobit 回归结果表

Y2	Coef.	Std. Err.	z	P > | z |	95% Conf.	Interval
X1	-190.6	582.7	-0.330	0.744	-1336	955.0
X2	11321	7532	1.500	0.134	-3489	26132
X3	-9304	13911	-0.670	0.504	-36657	18048
X4	-3125	4809	-0.650	0.516	-12581	6331
X5	655.2	459.9	1.420	0.155	-249.0	1559
X6	-0.184	0.337	-0.540	0.586	-0.847	0.480
X7	571.9	96.75	5.910	0	381.7	762.2
X8	-3.641	2.256	-1.610	0.107	-8.076	0.794
X9	-592.4	448.2	-1.320	0.187	-1474	288.8
X10	3790	1497	2.530	0.0120	848.0	6733
X11	1775	10316	0.170	0.863	-18507	22058
X12	-3137	11374	-0.280	0.783	-25499	19226
X13	21434	15973	1.340	0.180	-9972	52840
X14	63338	15368	4.120	0	33121	93555
X15	-14362	4431	-3.240	0.00100	-23075	-5649
X16	4059	4109	0.990	0.324	-4020	12138
X17	9786	5376	1.820	0.0690	-783.6	20356
X18	-824.1	3163	-0.260	0.795	-7043	5395
cons	-113510	48622	-2.330	0.0200	-209111	-17910

表3 农户林改后经营活动总投入（Y3）tobit 回归结果表

Y3	Coef.	Std. Err.	z	P > | z |	95% Conf.	Interval
X1	32.64	76.16	0.430	0.669	-117.1	182.4
X2	-81.31	978.2	-0.0800	0.934	-2005	1842
X3	191.8	1803	0.110	0.915	-3354	3738
X4	-446.0	611.8	-0.730	0.466	-1649	756.8

X5	14.80	58.56	0.250	0.801	-100.3	129.9
X6	-0.0139	0.0426	-0.330	0.745	-0.0977	0.0699
X7	97.49	11.85	8.230	0	74.20	120.8
X8	-0.237	0.277	-0.860	0.393	-0.780	0.307
X9	-215.5	59.85	-3.600	0	-333.2	-97.87
X10	295.9	192.9	1.530	0.126	-83.44	675.2
X11	-1571	1334	-1.180	0.240	-4195	1053
X12	-1418	1471	-0.960	0.336	-4309	1474
X13	6287	2005	3.140	0.00200	2345	10229
X14	8192	2133	3.840	0	3999	12386
X15	-2155	601.7	-3.580	0	-3338	-972.0
X16	887.0	526.7	1.680	0.0930	-148.6	1923
X17	1007	687.5	1.460	0.144	-345.1	2358
X18	-646.3	403.9	-1.600	0.110	-1440	147.8
cons	-8955	6263	-1.430	0.154	-21269	3360

表4 农户林改后经营活动总投入（Y4）tobit 回归结果表

Y4	Coef.	Std. Err.	z	P >	z		95% Conf.	Interval
X1	225.5	682.7	0.330	0.741	-1117	1568
X2	15326	8733	1.750	0.0800	-1844	32496
X3	-14700	16007	-0.920	0.359	-46173	16772
X4	-11933	5682	-2.100	0.0360	-23104	-760.9
X5	270.4	540.6	0.500	0.617	-792.4	1333
X6	-0.557	0.398	-1.400	0.162	-1.340	0.226
X7	384.3	107.6	3.570	0	172.7	595.9
X8	-0.703	2.297	-0.310	0.760	-5.220	3.814
X9	-1134	513.1	-2.210	0.0280	-2143	-125.6
X10	3357	1741	1.930	0.0550	-67.07	6781
X11	14114	11851	1.190	0.234	-9186	37415

X12	183. 1	13151	0. 0100	0. 989	− 25674	26040
X13	− 2352	19097	− 0. 120	0. 902	− 39899	35195
X14	66743	17909	3. 730	0	31531	101955
X15	− 14143	5102	− 2. 770	0. 00600	− 24175	− 4111
X16	5458	4772	1. 140	0. 253	− 3925	14841
X17	12519	6191	2. 020	0. 0440	346. 6	24691
X18	− 9367	3700	− 2. 530	0. 0120	− 16641	− 2092
cons	− 129719	57287	− 2. 260	0. 0240	− 242355	− 17083

表5　农户林改后经营活动总投入（Y5）tobit 回归结果表

Y5	Coef.	Std. Err.	z	P > ∣z∣	95% Conf.	Interval
X1	118. 2	172. 4	0. 690	0. 493	− 220. 7	457. 2
X2	− 1600	2203	− 0. 730	0. 468	− 5931	2731
X3	6978	4040	1. 730	0. 0850	− 966. 1	14922
X4	− 352. 2	1398	− 0. 250	0. 801	− 3101	2397
X5	59. 29	133. 9	0. 440	0. 658	− 204. 0	322. 6
X6	0. 00652	0. 0970	0. 0700	0. 946	− 0. 184	0. 197
X7	37. 35	28. 17	1. 330	0. 186	− 18. 04	92. 73
X8	− 0. 247	0. 595	− 0. 420	0. 678	− 1. 417	0. 922
X9	− 105. 2	133. 2	− 0. 790	0. 430	− 367. 1	156. 7
X10	891. 1	435. 1	2. 050	0. 0410	35. 61	1747
X11	− 4653	3026	− 1. 540	0. 125	− 10602	1296
X12	− 1252	3329	− 0. 380	0. 707	− 7796	5293
X13	19493	4552	4. 280	0	10543	28442
X14	17743	4768	3. 720	0	8368	27117
X15	− 4667	1358	− 3. 440	0. 00100	− 7337	− 1998
X16	2102	1195	1. 760	0. 0790	− 246. 7	4451
X17	2932	1563	1. 880	0. 0610	− 141. 5	6005

Y5	Coef.	Std. Err.	z	P >	z		95% Conf.	Interval
X18	191. 4	920. 6	0. 210	0. 835	− 1619	2001
cons	− 29978	14140	− 2. 120	0. 0350	− 57779	− 2176

表6　农户林改后经营活动总投入（Y6）tobit 回归结果表

Y6	Coef.	Std. Err.	z	P >	z		95% Conf.	Interval
X1	− 554. 1	1053	− 0. 530	0. 599	− 2624	1516
X2	− 13002	12757	− 1. 020	0. 309	− 38084	12080
X3	5301	21078	0. 250	0. 802	− 36142	46744
X4	7879	7314	1. 080	0. 282	− 6501	22259
X5	478. 8	682. 9	0. 700	0. 484	− 863. 9	1821
X6	0. 920	0. 348	2. 640	0. 00900	0. 236	1. 604
X7	172. 3	88. 44	1. 950	0. 0520	− 1. 645	346. 2
X8	− 1. 761	4. 175	− 0. 420	0. 673	− 9. 969	6. 448
X9	1579	463. 8	3. 410	0. 00100	667. 5	2491
X10	7448	2903	2. 570	0. 0110	1741	13156
X11	− 14923	16901	− 0. 880	0. 378	− 48154	18309
X12	46534	26004	1. 790	0. 0740	− 4596	97663
X13	− 3042	22961	− 0. 130	0. 895	− 48188	42104
X14	29952	27930	1. 070	0. 284	− 24964	84867
X15	− 10705	8202	− 1. 310	0. 193	− 26832	5422
X16	3951	6469	0. 610	0. 542	− 8767	16669
X17	15468	8566	1. 810	0. 0720	− 1375	32311
X18	10567	5678	1. 860	0. 0630	− 596. 6	21730
cons	− 329113	105015	− 3. 130	0. 00200	− 535591	− 122635

表 7　农户林改后经营活动总投入（Y7）tobit 回归结果表

Y7	Coef.	Std. Err.	z	P > | z |	95% Conf.	Interval
X1	− 0.0293	7.577	0	0.997	− 14.93	14.87
X2	− 94.99	97.90	− 0.970	0.333	− 287.5	97.51
X3	401.8	179.1	2.240	0.0250	49.78	753.9
X4	147.4	61.85	2.380	0.0180	25.83	269.0
X5	0.588	6.099	0.100	0.923	− 11.40	12.58
X6	− 0.0105	0.00475	− 2.220	0.0270	− 0.0199	− 0.00120
X7	− 0.366	1.423	− 0.260	0.797	− 3.164	2.431
X8	− 0.0320	0.0272	− 1.180	0.240	− 0.0856	0.0215
X9	− 9.415	6.121	− 1.540	0.125	− 21.45	2.619
X10	39.51	19.54	2.020	0.0440	1.094	77.94
X11	− 109.8	132.1	− 0.830	0.407	− 369.6	150.0
X12	− 525.7	143.7	− 3.660	0	− 808.2	− 243.2
X13	− 60.00	216.4	− 0.280	0.782	− 485.4	365.4
X14	963.5	202.9	4.750	0	564.5	1363
X15	− 243.7	57.50	− 4.240	0	− 356.8	− 130.7
X16	56.32	53.33	1.060	0.292	− 48.54	161.2
X17	81.45	69.87	1.170	0.244	− 55.93	218.8
X18	− 46.91	41.23	− 1.140	0.256	− 128.0	34.14
cons	− 99.65	623.4	− 0.160	0.873	− 1325	1126